*Fortsetzung auf dem hinteren Buchdeckel*

Manfred Gerner **Farbiges Fachwerk**

Manfred Gerner

# Farbiges Fachwerk

Ausfachung, Putz, Wärmedämmung
und Farbgestaltung

Deutsche Verlags-Anstalt

Manfred Gerner, Architekt,
geboren 1939 in Haan, war bis 1980 wissenschaftlicher Mitarbeiter des Referats für Denkmalpflege der Stadt Frankfurt. Seit 1981 ist er Leiter des Fortbildungszentrums für Handwerk und Denkmalpflege, Propstei Johannesberg, Fulda. Er ist vereidigter Sachverständiger für Fachwerk und Fachwerksanierung und Mitglied des Europaausschusses Handwerk und Denkmalpflege.

CIP-Kurztitelaufnahme der Deutschen Bibliothek

**Gerner, Manfred:**
Farbiges Fachwerk : Ausfachung, Putz, Wärmedämmung, Farbgestaltung / Manfred Gerner. –
Stuttgart : Deutsche Verlags-Anstalt, 1983.
ISBN 3-421-02807-9


Lektorat: Renate Jostmann
Umschlagentwurf: Dieter Frey, Leonberg
Reproduktion: Carl Kühnle KG, Ostfildern
Satz und Druck: Georg Wagner, Nördlingen
Bindearbeit: Hans Klotz GmbH, Augsburg
Printed in Germany

# Inhalt

**Vorwort** . . . 7

**Einordnung des Fachwerks in die Stilepochen** . . . 9

Fachwerk ist nicht gleich Fachwerk . . . 13
Romanik . . . 14
Gotisches Fachwerk . . . 15
Renaissancefachwerk . . . 19
Barockfachwerk . . . 24
Klassizismus . . . 28
Gründerzeit und Jugendstil . . . 29

**Historische Farbtechniken und Farbgebungen** . . . 31

Gefachaufbau . . . 39
Historische Bindemittel . . . 42
Farbpigmente . . . 45
Farbfassungen . . . 46
Marmorierung und Quaderung, außergewöhnliche Fachwerkfarbfassungen . . . 48
Ältere Holzschutzmaßnahmen . . . 55
Farbpuritanismus in der Gründerzeit . . . 56

**Runen, Sinnbilder und Symbolik im Fachwerk** . . . 57

Runen . . . 65
Lebensbäume und Dämonenabwehr . . . 72
Bauopfer . . . 75
Von Inschriften, Mariendarstellungen bis zu Bildprogrammen . . . 76
Behandlung von Schnitzwerk . . . 78

**Fachwerkfreilegung** . . . 79

Unter Verputz liegende Fachwerke – stadtgestalterisches Guthaben . . . 81
Untersuchungsmethoden – Infrarottechnik und Dendrochronologie . . . 82
Bauphysikalische und technische Aspekte bei der Freilegung . . . 84
Nicht alle Fachwerke sind freilegungswürdig . . . 85

**Neuverputz und Neuanstrich** . . . 87

Bauphysikalische Voraussetzungen . . . 91
Neuausfachung . . . 92
Verputz der Gefache . . . 93
Putzträger 94 – Mörtelrezepte für den Neuverputz 95
Befundsuche . . . 96
Entfernung von Altanstrichen und Anstrichvorbereitung . . . 97
Ausspänen, Kitte und Spachtelmassen . . . 98
Der Anstrich auf den Fachwerkhölzern . . . 98
Holzschutz und Grundierung 98 – Leinöl/Standöl 99 – Lasuren 100 – Dispersionsfarben für bewitterte Holzoberflächen 100 – Karbolineen 102 – Altöl und Lacke 102
Chemischer Holzersatz . . . 103
Anstrich der Gefache . . . 104
Sumpfkalk . . . 104

**Stadt- und Dorfgestaltung mit farbigem Fachwerk** . . . . . . . . . . . . . 105

Die geringe Farbigkeit in den vergangenen Jahrzehnten . . . . . . . . . . . . 109
Farbleitpläne . . . . . . . . . . . . . . . . . . . . . . . . . . . . . . . . . . . . . . . 110
Farbplanung für denkmalgeschützte Bauensembles . . . . . . . . . . . . . . 111

**Dekorationsfachwerk und Fehlfarben** . . . . . . . . . . . . . . . . . . . . . . 113

Dekorationsfachwerk . . . . . . . . . . . . . . . . . . . . . . . . . . . . . . . . . 116
Fachwerk als Wegwerfarchitektur 116 – Fachwerkvorsatz 116 – Getränkekonsumsteigerung 117 – Industrielles Fachwerkmühen 117 – Kunststoff-Fachwerk 118
Fehlfarben . . . . . . . . . . . . . . . . . . . . . . . . . . . . . . . . . . . . . . . . 118

**Wärmedämmung von Fachwerkwänden** . . . . . . . . . . . . . . . . . . . 119

Außenwanddicken als Ergebnis konstruktiver und wirtschaftlicher Erfahrungen . 120
Nutzungen und Wohnverhalten im Fachwerkhaus . . . . . . . . . . . . . . . . 120
Standsicherheitsgefährdung der Holzkonstruktion durch Feuchtebelastung . . . 121
Mindestwärmeschutz nach DIN 4108 . . . . . . . . . . . . . . . . . . . . . . . 121
K-Wert- und Tauwasserberechnungen . . . . . . . . . . . . . . . . . . . . . . . 122

**Anhang**

Anmerkungen . . . . . . . . . . . . . . . . . . . . . . . . . . . . . . . . . . . . . 129
Literatur . . . . . . . . . . . . . . . . . . . . . . . . . . . . . . . . . . . . . . . . 130
Glossar . . . . . . . . . . . . . . . . . . . . . . . . . . . . . . . . . . . . . . . . . 132
Abbildungsnachweis . . . . . . . . . . . . . . . . . . . . . . . . . . . . . . . . . 136

# Vorwort

Das Baugefüge Fachwerk hat eine neuerliche »Renaissance« erreicht. Fachwerkfreilegungen und Sanierungen werden in einem Umfang durchgeführt, wie dies nach Jahrzehnten des Raubbaus nicht mehr für möglich gehalten wurde. Die Ergebnisse in Form feinmaßstäblicher, Atmosphäre ausstrahlender Fachwerkensembles sprechen für sich.
Mit der zunehmenden Wertschätzung historischer Fachwerkhäuser gewinnen Fragen zur Farbigkeit und zur Farbtechnik des Fachwerks wieder große Bedeutung. Zu beachten sind dabei die landschaftsgebundenen historischen Farbsitten unter Berücksichtigung der heutigen Umgebung und einer Reihe von Grundsätzen farbiger Fachwerkgestaltung.
Die Farbtechniken und Anstrichsysteme müssen den veränderten Umweltbedingungen angepaßt werden, insbesondere sind aggressive Bestandteile im Niederschlagswasser und der Atmosphäre zu berücksichtigen. Wegen des geringen Widerstandsvermögens gegen unsere heutigen Umweltbedingungen ist zum Beispiel die Haltbarkeit von Kalkanstrichen stark geschrumpft.
Viele Kenntnisse von Verputzern, Malern, Zimmerern und Architekten für die Behandlung von Fachwerkhölzern und Ausfachungen sind durch Neubautechniken verdrängt worden und müssen wieder aktiviert werden. Dabei ist teilweise nicht nur im Zeitraum einer Generation, sondern unter Umständen weiter zurückzuschauen. So darf zum Beispiel die in ganz Deutschland verbreitete Sitte der ersten Jahrzehnte unseres Jahrhunderts, Fachwerke in einer einheitlichen »Holzfarbe« braun zu streichen, nicht als gültiges Vorbild angesehen werden. Ebenso wird von übertriebener Farbigkeit dringend abgeraten.
Die Fachwerkforschung hat in den letzten Jahrzehnten durch das Aufspüren von Fachwerkgebäuden bis in das späte 13. Jahrhundert und die Möglichkeit, mittels der Dendrochronologie exakt zu datieren, bedeutende Impulse erhalten. Unter Einbeziehung der jüngsten Forschungsergebnisse muß die klassische Einteilung der Fachwerklandschaften weiter differenziert werden – so kommen zum Beispiel bei frühen Bauten auch in Franken weite Ständerstellungen vor. Nicht zu unterschätzen sind die Beispiele, die zeigen, daß Fachwerkmerkmale durch wandernde Meister und Gesellen in andere Landschaften verpflanzt wurden. Keinesfalls kann aber daraus die Legitimation abgeleitet werden, heute gleiche Fachwerke für alle Landschaften zu erstellen oder Fachwerke aus Norddeutschland an den Alpenrand oder umgekehrt umzusetzen.
So wie bei den Konstruktionen landschaftliche Unterschiede zu berücksichtigen sind, ist bei der großen Anzahl neuer Farbanstriche auf Fachwerkbauten, insbesondere im Zusammenhang mit Freilegungen, die Rückbesinnung auf die ursprüngliche Farbigkeit dringend notwendig: dies nicht nur aus Gründen der Denkmalpflege, Stilechtheit oder Landschaftsgebundenheit, sondern mehr noch wegen der sehr viel besser zu den Fachwerken passenden, meist auch reizvolleren historischen Fachwerkfarben.
Dabei werden in diesem Band über historische Farbfassungen hinaus die Aufgaben und die Bedeutung der Farbe auf Fachwerkhäusern zur Unterstützung der Architektur und gleichwertig als Schutz und Schmuck behandelt. Der »rote Faden« reicht deshalb von der Einordnung der Fachwerke in die Stilepochen über historische Rezepturen und Fassungen bis zu den jüngsten Techniken und bauphysikalischen Anpassungen an den heutigen Stand der Technik und den Wohnkomfort.
Besondere Aufmerksamkeit wird der Fachwerkfreilegung gewidmet. Obwohl Koch schon in den dreißiger Jahren geschrieben hat: »Die meisten heute verputzten alten Fachwerke sind erst im 19. Jh. verdeckt worden und sollten wieder freigelegt werden. Das ist auch wirtschaftlich, weil das Holz unter dem Putz sehr viel schneller unbrauchbar wird als an der frischen Luft unter einem guten Anstrich«, liegt auch heute noch der größte Teil aller Fachwerkbauten unter Verputz, und davon wiederum der weitaus größte Teil ist freilegungswürdig.
Bei der Erarbeitung dieses Buches waren zahlreiche Recherchen notwendig. Allen Persönlichkeiten und Institutionen, die zu Daten und Fakten beigetragen haben, sei hier herzlich gedankt. Stellvertretend für alle seien hier nur genannt die Landesämter für Denkmalpflege, Restauratoren und die Mitglieder der Arbeitsgemeinschaft historischer Fachwerkstädte in Hessen und Niedersachsen sowie Maler und Zimmermeister, namentlich Herr Bauamtmann Griep, Goslar, Herr Malermeister Krepela, Schorndorf, und Herr Dipl.-Ing. Böttinger, der für die wärmetechnischen Untersuchungen verantwortlich zeichnet.
Dieses Buch soll all jenen, die sich mit der Sanierung und Pflege von Fachwerkbauten beschäftigen – von Eigentümern über Maler, Stukkateure und Zimmerer bis zu Architekten –, die Vielfalt historischer Fachwerkgestaltungen aufzeigen. Ausgehend vom heutigen Stand technischer und bauphysikalischer Erkenntnisse und Notwendigkeiten, gibt es konkrete Hinweise zur Gestaltung und Ausführung für Arbeiten am Fachwerk. Damit soll neben anderen Maßnahmen und Veröffentlichungen dazu beigetragen werden, den Wert historischer Fachwerksubstanz zu erkennen sowie zu nutzen und den Bestand an wertvollen Fachwerkbauten in Deutschland zu erhalten und langfristig zu schützen.

*Fulda, im Oktober 1983*
*Manfred Gerner*

*Holzschnitt von Hans Burgkmayr d. Ä.*
*um1516*

# Einordnung des Fachwerks in die Stilepochen

1

*1 (Seite 9) Ihren Höhepunkt erreichte die Fachwerkkunst in Niedersachsen bereits in der Renaissance mit Häusern, wie dem im Ausschnitt dargestellten Eickeschen Haus in Einbeck.*

*2 Die Fachwerkfassade des Rathauses von Duderstadt aus dem Jahre 1533 zeigt noch die Einzelverstrebung aller Ständer mit Fußbändern neben geschoßhohen Streben.*

*3 Frühester Fachwerkschmuck niederdeutscher Häuser waren um 1450 Trapezfriese auf den Schwellen.*

*4 In der ersten Hälfte des 16. Jahrhunderts schmückte man die Schwellen in Niedersachsen vielfach mit Laubstäben.*

*2*

*3*

*4*

*5 Der Valepagenhof, 1577 in Delbrück errichtet, jetzt im Westfälischen Freilichtmuseum Detmold, zeigt das häufigste Schmuckglied in Niedersachsen und Westfalen: die Fächerrosette.*

*6 Aus der Mitte des 17. Jahrhunderts stammt das Rottmeisterhäuschen auf der oberen Pegnitzbrücke in Bamberg. Das Fachwerk ist noch der Renaissance zuzurechnen.*

*7 Die strenge Gliederung der Renaissance spiegelt sich in der Fassade des Hauses »Zum Adler« aus dem Jahre 1604.*

5

6

7

8

8 Typisches Renaissancefachwerk mit Wellgiebel und reichem Schnitzwerk prägt dieses Gebäude am Camberger Markt.

9 Am Marschenhaus aus Huttfleth aus dem Jahre 1733, heute im Freilichtmuseum Stade, ist deutlich zu erkennen, daß im Spätbarock das Holzwerk in Niederdeutschland kaum noch geschmückt wurde.

10 Zimmermeister Jörg Hofmann schuf in der Umgebung Bambergs wie hier am Rathaus in Burgkunstadt außergewöhnlich reich gestaltetes barockes Fachwerk.

11 Der Giebel des Rathauses in Staffelstein zeigt, wie im fränkischen Fachwerk im Barock die Fassaden fast netzartig mit schmückenden Hölzern überzogen wurden.

10

9

11

# Fachwerk ist nicht gleich Fachwerk

*12 Aus der engen Ständerstellung dieses Fachwerks an der Mosel wird der Einfluß aus der Normandie sichtbar.*

*13 Insbesondere dort, wo Laub- und Nadelholz ausreichend vorhanden war, entwickelten sich Mischformen, so die Umgebindehäuser in Schlesien und Kombinationen aus Block- und Fachwerkbau in Schwaben oder im Schwarzwald.*

In den Landschaften Europas mit wenig Nadelwald und viel Laubholz entwickelte sich im 1. Jahrtausend n. Chr. der nur wenig Holz verbrauchende Fachwerkbau. Die Entwicklung ging über Bauten mit eingegrabenen Pfosten und Ständerbauten bis zur vollendeten Stockwerksrähmkonstruktion. Bestimmte Marken, wie das Herausheben der Holzpfosten aus der Erde, die Umgehung der stark hinderlichen Firstständer durch das Auseinanderrücken der Ständer oder das Einbinden der Firstständer in Querwände, der Wechsel von der Blatt- zur Zapfenverbindung, die raffinierte Konstruktion der Stockwerksrahmen und die Bundverstrebung, zeigen die konstruktiven Wege der Zimmerleute. Schon zwischen 1550–1600 war die gesamte konstruktive Entwicklung des Fachwerks abgeschlossen, nur die Schmuckformen und -arten änderten sich noch bis in unsere Zeit.[1]

Neben der zeitlichen, vertikalen Entwicklung sind die horizontalen, über die Landschaften reichenden Unterschiede bedeutend. Fachwerk ist – mehr als andere Bauarten – eine landschaftsgebundene Bauweise. Die örtlich vorhandenen Baustoffe, klimatischen Bedingungen, die Volksstämme und Siedlungsarten, aber auch bestimmte Charakterzüge der Menschen bestimmten die Fachwerkkonstruktionen und -formen.

Neben der grundsätzlichen Einteilung der Fachwerke in Oberdeutsches (alemannisches), Mitteldeutsches (fränkisches) und Niederdeutsches (niedersächsisch-westfälisches) Fachwerk ist zwischen zahlreichen Fachwerklandschaften zu differenzieren. Hierzu gibt es umfangreiche Literatur, die sich weitgehend auf die Arbeiten der Fachwerkklassiker wie Schäfer[2] und Walbe[3] bezieht. Dabei kommen die neueren Forschungen aufgrund der in jüngster Zeit gemachten zahlreichen Funde von Fachwerkhäusern bis in das 13. Jh. und wegen der Notwendigkeit, Fachwerke auch nach ihren stilistischen und künstlerischen Merkmalen, den gängigen Stilepochen nicht unter-, aber einzuordnen, oft zu kurz. Insbesondere Walbe, dessen verdienstvolle Tätigkeit aus der Fachwerkforschung nicht fortzudenken ist, hat die Tendenz gefördert, Fachwerke nicht den Stilepochen zuzuordnen, sondern sie nach rein konstruktiven Gesichtspunkten nur nach mittelalterlichem Fachwerk, Fachwerk der Übergangszeit und Fachwerk der Neu- oder Beharrungszeit zu unterscheiden.

Natürlich können Fachwerke nicht nach ihrer Entstehungszeit synchron in die Stilepochen, die besonders durch die Massivbauten von Kirche und Adel gekennzeichnet sind, eingeordnet werden. So wie die Stilepochen in Deutschland gegenüber ihren Ursprungsländern zeitlich versetzt festzustellen sind, hat das von bäuerlicher oder städtischer Handwerkstradition geprägte Fachwerk oft noch Jahrhunderte nach einem Stilwandel an der vorhergehenden Epoche festgehalten. In diesem Zusammenhang muß auch deutlich gemacht werden, daß nicht nur für die Massivbauten der Ägypter, Griechen und Römer Holzkonstruktionen Pate gestanden haben, sondern daß während des gesamten Mittelalters und in der Renaissance noch einmal, die Steinbauten bedeutende Inspirationen aus dem Fachwerk erhielten.[4]

Gebäude, wie das Leistsche Haus in Hameln, Osterstr. 9, und ein ähnliches Gebäude in der gleichen Straße nur wenige Schritte entfernt, sind praktisch Fachwerkhäuser in Stein.

Letztlich ist auch häufig zu beobachten, daß Massivbauten und Fachwerk aus denselben Quellen schöpften. So haben für Massivgebäude der Weserrenaissance wie für Fachwerk für den reichen in Stein gehauenen oder in Holz geschnitzten Beschlagwerkschmuck – man vergleiche zum Beispiel den Schaugiebel des Schlosses Thienhausen aus dem Jahre 1610 mit dem Giebel des Hauses Marktstraße 21 in Stadthagen aus dem Jahre 1649 – die gleichen Musterbücher zur Vorlage gedient.[5]

Nach dem bisher Aufgezeigten ist es unumgänglich, Fachwerke neben den Massivbauten in die Stilepochen einzuordnen, wobei es zum Beispiel schwerfällt, von romanischem Fachwerk zu sprechen.

12

13

14 *Aufmaß des Südgiebels und Rekonstruktion des Nordgiebels des Hauses Schellgasse 8 in Frankfurt/M.-Sachsenhausen aus dem Jahre 1291/92. Die Rekonstruktion zeigt deutlich das Prinzip der frühen Ständerbauten.*

Bei der gedanklichen Verbindung von Romanik und Fachwerk sträubt sich die Feder. Romanische Baukunst leitet sich ab vom römischen Bauen und ist in erster Linie eine Kunst des Steinefügens, der Mauern und gemauerten Bögen. Richtiger bezeichnet man Fachwerk aus dieser Epoche als angelsächsisches, da sich in erster Linie in den Siedlungslandschaften dieser Stämme, bei ausreichendem Vorkommen von Eichenholz, der Fachwerkbau nach der Zeitenwende entwickelte.
Bisherige Versuche, Fachwerke in die Romanik einzuordnen, mußten schon deshalb scheitern, weil die im Fachwerk gefundenen (und für romanisch gehaltenen) Rundbögen einer späteren Epoche, der Renaissance, angehören.[6]
Die Fachwerke in spätromanischer Zeit sind konstruktiv reine Ständerbauten, bei denen die wichtigsten senkrechten oder steil schräg gestellten Hölzer einschließlich Schwertern und aussteifenden Andreaskreuzen über eine möglichst große Höhe, meist vom Fundament bis zur Traufe oder bis zum First, durchlaufen. Als Holzverbindung wurde im wesentlichen die Verblattung verwendet, die Schwellen waren schwellriegelähnlich und wahrscheinlich ebenfalls aufgeblattet. Zur Aussteifung und Verstrebung wurden verschiedene Systeme von Kopfbändern bis zu Schwertern »probiert«.
Die Haus- und Detailformen sind noch einfach. Die Dächer zeigen eine Neigung von ca. 45°, Stockwerksauskragungen kennt man noch nicht. Tür- und Fensterstürze sind gerade, als Schmuck bringt man Fasen und Auskehlungen an, und aus dem Abfasen von Ständern entstehen achteckige Säulen.
Als Beispiel soll hier ein Haus dienen, das erst in der Frühgotik errichtet wurde, aber noch alle Merkmale der Häuser einer vorhergehenden Epoche trägt: das Haus Schellgasse 8, in Frankfurt am Main – Sachsenhausen, aus dem Jahre 1291/92. Das 1979 vom Autor entdeckte Haus – eines der ältesten Fachwerkhäuser Deutschlands – ist von äußerster konstruktiver Klarheit und läßt, insbesondere unter Einbezug der jüngsten Hausentdeckungen, kaum noch Spekulationen über die Art der Fachwerkkonstruktionen im späten 13. Jh. in Deutschland zu. »Das schwellenlose Fachwerk besitzt 4 Eck- und 2 Bundständer, je ca. 35 × 35 cm stark, die alle über zwei Geschosse durchlaufen und auf Fundamentsteinen aufsitzen. Alle Riegel sind aufgeblattet, den oberen Halt bildet ein aufgesetzter Rahmen, auf welchem ca. 18 × 24 cm starke Deckenbalken ruhen. Die Deckenbalken sind mit kräftigen Sparren verblattet und bilden mit diesen ein festes Dreieck. Der Nordgiebel wird von einem, vom Fundament bis zum First durchgehenden, annähernd 10 m hohen Firstständer beherrscht, der auf die Konstruktion prähistorischer Firstpfostenhäuser zurückgeht. Beidseitig des praktisch über vier Geschosse durchgehenden Firstständers sind vom Fundament bis zum Dachfuß über zweieinhalb Geschosse außen durchgehende strebenartige Bänder aufgeblattet. Das Erdgeschoß des Hauses war zur Bauzeit eine große Halle, die deckentragenden Mittelstützen sind deshalb als achteckige Säulen verzimmert.«[7]

14

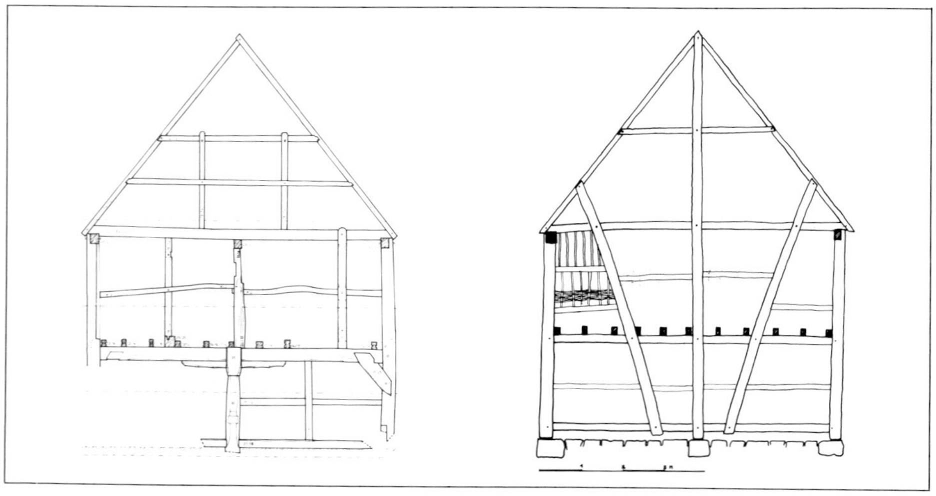

# Gotisches Fachwerk

*15 und 16 Die Fassaden des Esslinger Rathauses aus dem Jahre 1430 wie auch des Markgröninger Rathauses repräsentieren typisches gotisches Fachwerk aus Oberdeutschland.*

Die Formensprache der Gotik und auch ihre Konstruktionen kommen dem Baustoff Holz sowie dem Fachwerk entgegen. Schmale, hohe Bauglieder, nur Skelette und keine Flächen, das hohe Aufragen der Bauten und Dächer bis hin zur Ausbildung des Spitzbogens entsprechen mehr dem Holz als dem Stein.
Die Konstruktionen wurden ausgereifter. Die Bauten wurden auf durchgehenden Schwellen errichtet. Die Einzelverstrebung mittels Kopf- und Fußbändern verbreitete sich in ganz Deutschland, in Mittel- und Süddeutschland löste in der Spätgotik die wandhohe Bundverstrebung wiederum einzelne Streben ab. Der bei mehreren Geschossen umständliche Ständerbau wurde zugunsten der eleganten Stockwerksrahmenkonstruktion aufgegeben. Die neuen Konstruktionen waren wesentlich leichter zu verzimmern und aufzuschlagen, und sie ließen auf allen vier Hausseiten Überhänge (Auskragungen) zu. Damit waren größere Geschoßflächen in den Obergeschossen zu erzielen, und es ergab sich ein günstiger Kräfteverlauf in den Balkendecken.
Die Kehlbalkendächer wuchsen turmartig zum Ende der Gotik bis auf ca. 70° Dachneigung. Mehr und mehr löste die Zapfendie Blattverbindung ab, daneben kannte man bereits zahlreiche weitere komplizierte Holzverbindungen.
Noch deutlicher ist die Gotik in den Formen zu spüren. Die Geschosse wurden höher, alle schrägen Hölzer stiegen steil nach oben an und ein wichtiges Merkmal gotischer Baukunst, den Spitzbogen, verwendete man gern zum oberen Abschluß von Türen und Fenstern. Diese Spitzbögen aus Tür- oder Fensterständern, dem Sturzriegel und zwei geschweiften Bändern, die den Bogen bilden, sind eine typische Holzkonstruktion.
Die Fachwerke Oberdeutschlands tragen noch die Spuren einer seltenen Fachwerkbauweise: des Ständerbohlenbaues. Aus diesem Bausystem übernahm man allgemein die weite Ständerstellung, und damit verbunden, mußten die Rähme verdoppelt werden, um die Lasten der Balkenlagen auf die Ständer abzutragen. Ebenso mußten lange Riegel eingefügt werden, zwi-

15

16

*17 Mut und Können der Zimmermeister verraten die vier Vollgeschosse und vier Dachgeschosse des ehemaligen Fruchtkastens in Geislingen an der Steige aus dem Anfang des 16. Jahrhunderts.*

*18 Die Entwicklung vom Ständerbohlenbau zum Fachwerk mit weiter Ständerstellung zeigt das Haus Altstadtstraße 5 in Eppingen aus dem 15. Jahrhundert.*

*19 Im mittleren Deutschland, besonders in Nordhessen, haben sich viele Ständerbauten erhalten. Über viergeschossige Traufständer verfügt das Haus Seibel am Markt in Fritzlar.*

*20 Die »eingeschossenen« Balken waren mit Durchsteckzapfen, sogenannten Zapfenschlössern, gesichert.*

*17*

schen die man die Fenster einsetzte. Ein besonders stattliches Beispiel dieser Gattung ist das Rathaus von Esslingen aus dem Jahre 1430. Zur Queraussteifung sind die Ständer dieses Gebäudes teilweise mit acht Kopf- und Fußbändern gesichert. Die gesamte Konstruktion ist als gotische Form aufgefaßt, die Spitzbögen der hohen Hallentüren unterstreichen diesen Eindruck. Einziger zusätzlicher Schmuck sind die reich profilierten Blätter der Kopf- und Fußbänder.

Besonders in Nordhessen wurden zu Beginn der Gotik die bis zu vier Geschosse hohen Fachwerke noch als Ständerbauten errichtet. Die Balkenlagen sind als Längsbalkenlagen auf »eingeschossenen« Querbalken, die mit Zapfenschlössern in die Ständer eingefügt wurden, ausgeführt. An den Straßengiebeln stehen diese Längsbalken über und tragen mit Unterstützung von Knaggen auskragende Wände. In einer Übergangsphase zur Stockwerksrähmkonstruktion baute man zwei Geschosse in Ständerbauweise und setzte auskragend ein Stockwerksrähmgeschoß auf die Balkenlage über dem ersten Obergeschoß. Ein schönes Beispiel für diese Mischkonstruktion ist das Küsterhaus in Bad Hersfeld, nach dendrochronologischer Datierung nach 1452 errichtet. Die auskragenden Balken werden von stabilen geschweiften Knaggen unterstützt. Ähnliche Knaggen tragen auch den nochmals auskragenden Giebel. Überraschend

*18*

21 Die Fachwerkkonstruktion des Berger Rathauses, um 1520 aufgerichtet, mit einem Verkünderker zum Markt, weist die häufigste Strebenform der Übergangszeit von mittelalterlichem zu neuzeitlichem Fachwerk auf.

22 Den Übergang vom Ständerbau zum Stockwerksrähmbau markieren Gebäude wie das Küsterhaus in Bad Hersfeld, um 1452, mit Ständern über zwei Geschosse und einem auskragenden Geschoß in Rähmbauweise.

21

19

20

22

*23 und 25 Das Fachwerkgeschoß der Bockenheimer Warte in Frankfurt/M., um 1480, wie auch die Rückseite des Michelstädter Rathauses, 1484, sind durch die Bundverstrebung streng gegliedert.*

*24 Kirche mit Fruchtspeicher in Wagenfurth, vor 1500 gebaut. Wie die hessisch-fränkischen Fachwerke auf den Bildern 21–23 trägt auch die Fachwerkkirche deutlich gotische Stilmerkmale.*

*26 Im Fachwerk lebte die Gotik länger fort als im Steinbau. Das Haus Ochsenkopf in Hannoversch Münden aus dem Jahre 1528 trägt noch alle Merkmale dieses Stils.*

*23*

*24*

bei dem frühen Baudatum dieses Hauses ist der reiche Schmuck. Rechts und links des Eingangstores mit flachem Spitzbogen sind Fenster mit Sturzriegeln als Vorhangbögen angeordnet. In der Brüstung des ersten Obergeschosses stehen Andreaskreuze, die nach allen vier Seiten dreipaßförmig ausgeschnitten sind. Die Brüstung des zweiten Obergeschosses trägt weitere Andreaskreuze, aber auch Rauten in gotischem Schnitt.

Nach 1400 setzten sich Stockwerksrahmen durch. Die Verriegelung der von Stockwerk zu Stockwerk weit auskragenden Bauten wurde mittels bis zu 2 m langen Knaggen (Kopfbügen/Bügen) bewältigt. Bei frühen Bauten sind diese

*25*

*26*

## Renaissancefachwerk

*27 und 28 Das Palm'sche Haus in Mosbach, 1610 erbaut, und das Rathaus in Bauerbach aus dem Jahre 1585 stehen als Beispiele für den Schmuckreichtum im fränkischen Fachwerk der Renaissance.*

Knaggen sowohl nach außen als auch nach innen angeordnet. In der Spätgotik wurden die Stockwerksüberstände schon geringer, die Knaggen dementsprechend kleiner, und ab 1450 begann man die Einzelverstrebung durch Bundverstrebungen mit geschoßhohen Streben zu ersetzen. Wichtigster Schmuck waren die als Großformen ausgebildeten Strebenformationen, daneben die Knaggen und nur noch schmückend Viertelkreishölzer.
In Niederdeutschland prägen noch die Einzelverstrebung mit Fußbändern und aufgeblattete durchgehende Brüstungsriegel das gotische Fachwerkbild. Wie lange sich Fachwerkkonstruktionen in Einzelfällen erhalten haben, ist am Beispiel des Ochsenkopfes in Hannoversch Münden festzustellen. Das Gebäude mit dreigeschossigen Ständern stammt aus dem Jahre 1528, ist aber konstruktiv nahe verwandt dem Küsterhaus in Bad Hersfeld, das nach 1452 gebaut wurde. Carl Schäfer hat deshalb den Ochsenkopf auch noch als »frühgotisch« eingestuft.
In Niedersachsen begann man andererseits früh, die Fachwerke zu schmücken. Um 1450 entstanden die ersten Treppenfriese auf den Schwellen, fast gleichzeitig tauchten Trapez- sowie Bügelfriese auf, und die Knaggen- und Balkenköpfe wurden profiliert. Schon um 1460 entstanden die ersten Figurenknaggen, und in der Spätgotik Anfang des 16. Jh. – als man in Mittel- und Süddeutschland nur ganz selten und dann in kleinstem Umfang Fachwerk zusätzlich schmückte – schnitzte man schon flächig Maßwerk auf Ständer, Fußwinkelhölzer und Schwellen. Vorhangbögen und Spruchbänder auf den Schwellen sind häufig zu finden, ab 1530 trat auf den Schwellen auch der Laubstab auf. Ein einprägsames Beispiel mit Schriftbändern und Figurenknaggen ist das Remensniderhaus in Herford aus dem Jahr 1521.

In der Renaissance wurde die konstruktive Entwicklung der Fachwerke beendet, gleichzeitig nahm die in der Gotik aufgenommene Tradition zu, neben der schmückenden Anordnung rein konstruktiver Hölzer auch ausschließlich schmückende Holzteile einzubauen. Insgesamt wurden die Fachwerke straffer, fügten sich in die Raster-, Maß- und Ordnungsprinzipien der Renaissance ein und wurden mit Schnitzwerk überzogen und/oder dekorativ bemalt.
Durch die schnell umgesetzten Erfahrungen der Zimmermeister ließen sich die Fachwerkkonstruktionen zunehmend rationeller erstellen. Die noch in der Gotik, Ende des 15. Jh., einsetzende schnelle konstruktive Entwicklung setzte sich bis zur Vollendung Ende des 16. Jh. in der Renaissance fort. Der Ständerbau war bis auf einfache Gebäude wie Scheunen überwunden. Die Vorteile der Stockwerksrahmenkonstruktionen nutzte man voll aus. Die noch in der Spätgotik üblichen weiten Auskragungen wurden weiter verringert, und die Verriegelung der Wände mit dem Gebälk mittels Knaggen gab man zugunsten der einfacheren Verkämmung oder dem Verdollen von Rahmen, Balken und Schwellen ganz auf. Die Verzapfung setzte sich allgemein gegenüber der Verblattung durch.
In Oberdeutschland, im Bereich alemannischen Fachwerkbaus, wurden schon um 1500 die Verstrebungen mittels Kopf- und Fußbändern mehr und mehr durch wandhohe oder dreiviertelwandhohe Streben ersetzt und die weiten Ständerstellungen verringert. Das ausgeprägte Bundständersystem setzte sich langsamer und auch in anderer Form als im fränkischen Bereich durch. So wurden bis 1600 die Fensterstiele noch zwischen Brüstungs- und Sturzriegel oder zwischen Brustriegel und Rähme gesetzt. Erst nach 1600 setzten sich mehr durchgehende Feldständer durch, und damit konnte man auf die Verdoppelung der Rähme verzichten. Mit den durchgehenden Feldständern hatte sich das Fachwerk Oberdeutschlands der fränkischen Fachwerkbauweise soweit genähert, daß konstruktiv keine Unterschiede mehr bestanden.

Im fränkischen Bereich wurden in der Frührenaissance die stockwerkshohen Verstrebungen an Bund- und Eckständern aus geraden oder geschweiften Streben und Gegenstreben weiter entwickelt zu Mannfiguren aus Ständern, dreiviertelgeschoßhohen Streben und Kopfwinkelhölzern. Diese Figur erscheint erstmalig voll ausgebildet am Rathaus in Melsungen im Jahre 1556. Bereits in der Renaissance begann man – auch nachträglich – mit dem Aufsetzen von Zwerchgiebeln und Zwerchhäusern zur besseren Nutzung der Dachgeschosse.
In Niederdeutschland kamen zu Beginn der Renaissance noch gemischte Konstruktionen, mit zum Beispiel zwei

27

28

*29 Der Große und Kleine Engel am Römerberg in Frankfurt, 1562 errichtet, 1944 zerstört und 1983 rekonstruiert.*

*29*

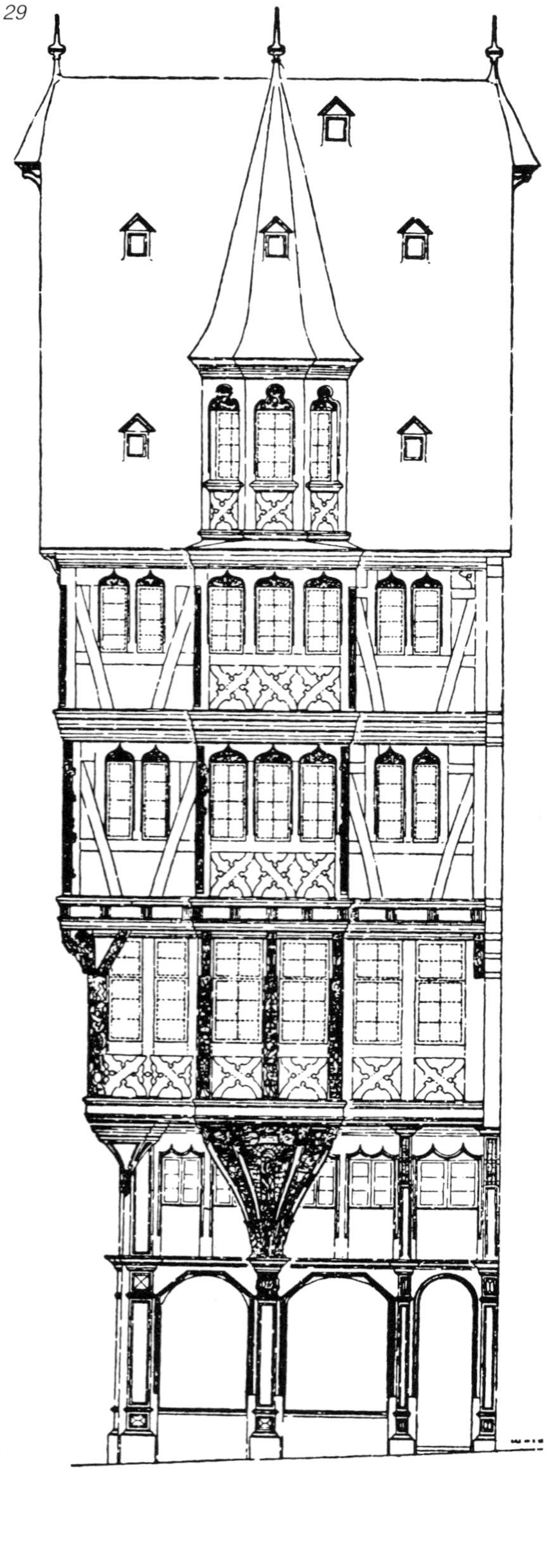

*30 Zu den Höhepunkten der Renaissance im Fachwerk zählt der Giebel des um 1595 errichteten Salzhauses am Frankfurter Römer. Der größere Teil der geschnitzten Tafeln konnte vor der Zerstörung des Hauses abgenommen und dadurch gerettet werden.*

Geschossen in Ständerbauweise und einem vorgesetzten Stockwerksrahmen, wie beim bereits genannten Ochsenkopf in Hannoversch Münden, vor. Im allgemeinen hatte sich aber auch bei den Bürgerhäusern in Niederdeutschland schon die Stockwerksrähmkonstruktion durchgesetzt. Beim ländlichen Einhaus, dem Wohn-Stall- oder dem Wohn-Stall-Speicher-Haus Niedersachsens und Westfalens dominierte noch die Zweiständerkonstruktion mit angesetzten Kübbungen.

Ebenso schnell wie die konstruktive Entwicklung verläuft die stilistische Entwicklung der Fachwerke. Noch mehr als im Steinbau ist hier der Aufbruch, die »Wiedergeburt«, das Nachlassen kirchlicher Macht und Einschränkungen, die Reformation und Gegenreformation und die Entdeckung neuer Welten zu spüren.

Zu Beginn der Renaissance nach 1500 zeigten die Fachwerke zwar schon klare, maßstäbliche Gliederungen, aber nur geringen Schmuck. Dieser wurde erst später in der Renaissance typisch. Viele Gebäude aus dem Anfang des 16. Jh., wie das schon genannte Haus Ochsenkopf aus dem Jahre 1528, die zahlreichen Bauten Frankens mit Strebenformen der Übergangszeit und seltener schmückenden viertelkreisförmigen Fußbändern und die noch strengen oberdeutschen Bauten, wie der »Bau« in Geislingen an der Steige, das Gesindehaus des Klosters Maulbronn 1550 oder das Schwörerhaus in Immenstadt aus dem Jahre 1528, gehören stilistisch noch mehr zur Gotik als zur Renaissance. Insgesamt ist die Renaissance in den oberdeutschen Fachwerken weniger spürbar als in den anderen Landschaften.

In der Mitte des 16. Jh. begann man in Schwaben damit, schmückende und geschweifte Hölzer einzusetzen. Dieser Trend nahm langsam zu, bis nach 1600 der gesamte Formenreichtum fränkischen Fachwerks vom Süden übernommen wurde. Schnitzwerk kam insgesamt nur wenig vor, dagegen spielte die Farbigkeit eine bedeutende Rolle, so sind leuchtendes Goldocker und Oxidrot mit Befunden belegt.

In Mitteldeutschland dagegen wurde der neue Baustil im Fachwerk deutlicher. Zu den frühen typischen Bauten mit allen Renaissancemerkmalen gehört das Neue Schloß in Gießen, von 1533-1539 errichtet. Neben dem gleichmäßigen Raster der Fassade fallen die Gliederung durch Turm und Ecktürme, geschweifte Hölzer, Feuerböcke und Kurzstreben in den Brüstungsgefachen und annähernd runde Bögen bei den Fensterstürzen auf.

Die Schmuckfreudigkeit nahm schnell zu, nach der Mitte des 16. Jh. wurden – besonders in Oberfranken – zahlreiche schmückende Hölzer und Figuren eingefügt. Teilweise überzog man die Fachwerke netzartig mit Schmuckwerk. Kurzstreben, Andreaskreuze, Feuerböcke, Rauten und Negativrauten, Kreise, Rosetten und Kombinationen dieser Figuren, wie Andreaskreuze mit Kreisen oder Rauten gekreuzt, gehörten zum Formenreichtum des Schmucks in den Fachwerkfassaden. Vom Elsaß bis zum Niederrhein, einschließlich der angrenzenden Landschaften wie Mosel-, Main- und Lahntal wurden die schmückenden Hölzer vielfach geschweift und mit Nasen besetzt.

Weiter wurden die Renaissancestilmerkmale der fränkischen Fachwerke durch farbige Fassungen und Schnitzwerk bestimmt. Höhepunkt dieser Entwicklung bildet das Salzhaus in Frankfurt am Main, Am Römerberg, um 1595 erbaut.[8]

Bei der stolzen Giebelproportion von 23 m Höhe bei nur 10 m Breite weist das Gebäude eine strenge Gliederung, betont durch die Fensterachsen und die Stockwerksteilung des Wellgiebels, auf. Das Erdgeschoß besteht aus diamantierten Sandsteinarkaden, in den darüberliegenden Geschossen des Giebels war das Fachwerk flächig mit vorgehängten Holztafeln im ersten Obergeschoß beziehungsweise eingesetzten Holztafeln im zweiten Obergeschoß und den drei Dachgeschossen geschlossen. Die Fachwerkkonstruktion ist damit völlig überspielt, aus stilistischer Sicht sogar überwunden. Die geschnitzten Eichentafeln tragen zum Teil gegenständliche Darstellungen, wie die Symbolisierung der vier Jahreszeiten, mehr aber Ornamente, Ranken sowie Roll- und Beschlagwerk – typische Ausprägungen der Renaissance. Der prächtige Giebel war farbig gefaßt, nach schriftlicher Überlieferung Rot, Weiß und Gold.

Ähnliche Auffassungen haben beim 1589 errichteten Kammerzellschen Haus in Straßburg und beim 1615 in Straßburg erbauten und später nach Idstein versetzten Haus Killinger Pate gestanden.

Am deutlichsten ausgeprägt hat sich die Renaissance in den Fachwerken der Bürgerhäuser der Städte Niedersachsens. Mit dem hohen Erdgeschoß sowie großen Dielen und Dielentüren zeigen die Gebäude auch bei mehreren Geschossen noch ihre Verwandtschaft zum ländlichen Wohn-Stall-Speicher-Haus. Anfang des 16. Jh. zeigen auch hier die stattlichen Häuser fast durchweg noch gotische Konstruktionen. Mit dem »Brusttuch« in Goslar 1526, dem Knochenhauer Amtshaus, 1529

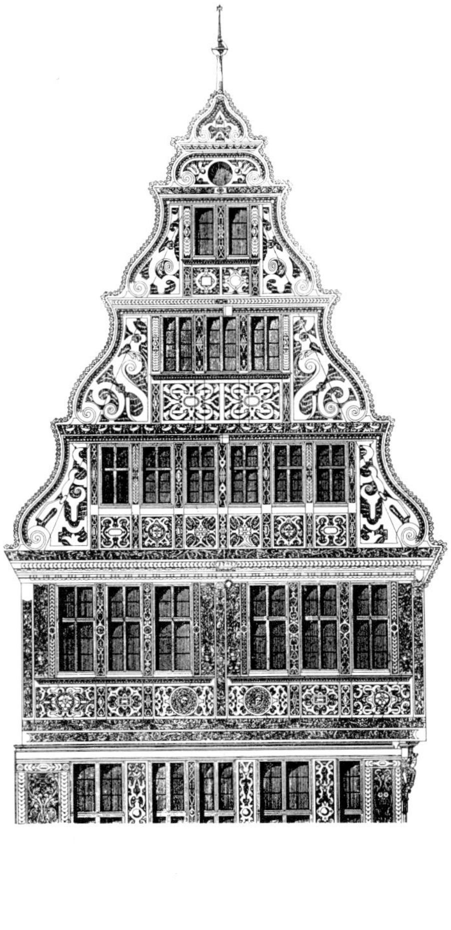
30

*31 Zu den häufig verwendeten Schmuckmotiven im Niederdeutschen Fachwerk von der Mitte des 15. Jahrhunderts bis zum 17. Jahrhundert gehören Treppenfriese, Schiffskehlen, Tauband, Zahnschnitt, Beschlagwerk und Rosetten.*

*32 Detail des Hoppener Hauses in Celle, 1532 erstellt, mit flächig über das Holz gelegtem Schnitzwerk von Simon Stappen.*

in Hildesheim errichtet, und dem 1532 gebauten Hoppener Haus in Celle begann der Architekturrhythmus der Renaissance am Fachwerk in Niedersachsen. Am »Brusttuch« ist über die Fachwerkfassade aus Schwelle, Ständern, Fußwinkelhölzern, Riegeln, Knaggen und Balkenköpfen flächig ein Bildprogramm aus vegetabilen und ornamentalen Motiven geschnitzt.
Beim Knochenhauer Amtshaus, welches Viollet-le-Duc als das schönste Holzhaus der Welt bezeichnete[9], beschränkt sich das Schnitzwerk aus Pflanzen, Fabelwesen und Putten auf Schwellen, Balkenköpfen und Knaggen, während sich am Hoppener Haus der größtenteils figürliche Schmuck wieder flächig über die Holzteile legt. Ob alle drei Bauten vom Holzbildhauer Simon Stappen geschnitzt wurden, ist nicht eindeutig belegt.
1536 tauchte in Braunschweig erstmals die Fächerrosette auf dem Dreieck Schwelle, Ständer und Fußwinkelhölzer auf. Dieses Motiv wurde in den nächsten Jahrzehnten zum wichtigsten Schmuckmotiv niedersächsischer und auch westfälischer Fachwerke, wobei in Westfalen die Fußwinkel, der Form der Rosette entsprechend, gleich als Viertelkreishölzer ausgehauen wurden. Ende des 16. Jh. wurde die Fläche für den Schmuck nochmals vergrößert: Man füllte die Brüstungen mit Holzplatten, welche mit Blendarkaden, Fächerrosetten oder darstellenden Motiven geschmückt wurden.
Im gesamten Wesergebiet hat sich die Renaissance in Form der Weserrenaissance als stark eigenständiger Stil herausgebildet. In der Spätrenaissance nach 1600 sind in diesem Raum starke Verbindungen und Abhängigkeiten von Massivbau und Fachwerk festzustellen. Die Fußwinkelhölzer oder Brüstungstafeln und auch alle Fachwerkstäbe wurden flächig mit geschnitztem Roll- und Beschlagwerk überzogen, oder über das Fachwerk zogen sich ausgeklügelte Bildprogramme wie bei der 1610 errichteten Lateinschule in Alfeld an der Leine.

31

32

*33 und 35 Ansicht und Detail des Dielentores vom Valepagenhof aus dem Jahre 1577.*

*34 Vom Renaissancefachwerk geprägte Straße in Bad Salzuflen.*

*36 Beschlagwerk, auf Gefachplatten geschnitzt, das besonders deutlich im Bereich der Weserrenaissance gleiche Quellen wie Beschlagwerk auf Massivgebäuden verrät.*

*33*

*34*

*35*

*36*

# Barockfachwerk

*37 Wie die barocken Massivbauten Mainfrankens wurden auch die Barockfachwerke reichlich geschmückt, wobei vielfach zunächst nur einzeln verwendete Elemente aufgereiht wurden.*

Bis zum Beginn des Barocks war die konstruktive Entwicklung des Fachwerks vollständig abgeschlossen. Lediglich das Wohn-Stall-Speicher-Haus der niederdeutschen Bauern erfuhr durch den Wechsel vom Zwei- zum Vierständerbau noch Veränderungen. Aus konstruktiver Sicht hat mit dem 17. Jh. für das Fachwerk die Beharrungszeit begonnen. Trotzdem veränderte sich das Fachwerk auch im Barock, unter anderem weil die äußeren Bedingungen des Fachwerkbaus sich geändert hatten.

So war nach dem 30jährigen Krieg durch verstärkten Schiffbau, wildes Abholzen und Waldbrände Eichenholz in Deutschland knapp geworden. Viele Fachwerke mußten zum Teil oder ganz in Weichholz errichtet werden. Verstärkt wurde die Holzknappheit durch das rapide Anwachsen der Bautätigkeit – zum einen als Folge der Kriegszerstörungen, zum anderen durch das Wachsen der Bevölkerung. Es wurde viel Fachwerk gebaut, es wurde aber auch sehr einfach gebaut. Besonders in Norddeutschland wurden kaum ähnlich große und reiche Fachwerke wie in der Gotik und Renaissance erstellt. Mehr und mehr der älteren Häuser wurden mit großen Zwerchgiebeln versehen, um die Dächer bis zu den Spitzböden zu nutzen. Vielfach gab man die bis zum Barock meist übliche Giebelstellung der Hauszeilen auf und errichtete die Fachwerke traufseitig zur Straße reihenhaus- oder siedlungsähnlich.

Bis zum Beginn des Barocks hatte man Fachwerk ausschließlich als Sichtfachwerk gebaut. Nach 1700 begann man zunächst in den Städten, bis zum 20. Jh. auch in den Dörfern, eine Vorliebe für Steinbauten zu wecken oder zu entdecken. Viele Gründe trugen zu dieser Entwicklung bei. Die Landesfürsten wollten mit ihren Residenzstädten repräsentieren und ermunterten ihre Untertanen dazu, Fachwerke in Steinbauten zu verwandeln. Die Bürger selbst trachteten danach, es Kirche und Adel nachzutun, ihre Häuser »in Stein« darzustellen, und schließlich sorgten zahlreiche Bauvorschriften, denen in den vergangenen Jahrhunderten schon die Stockwerksauskragungen weitgehend zum Opfer

37

*38 und 39 Das 1912 wiederhergestellte Haus Göbler in Maxsayn im Westerwald mit Holzstärken bis zu 70 cm und reichlicher Verwendung von Schmuckhölzern zeigt gegenüber dem eleganten Fachwerk des Hauses Töpfer in Idstein die unterschiedlichen Schmuckauffassungen auf dem Lande und in der Kleinstadt.*

38

39

gefallen waren und die in den Städten seit der Renaissance meist massive Erdgeschosse forderten, dafür, Sichtfachwerke unpopulär zu machen. Wegen der sogenannten erhöhten Brandgefahr von Fachwerken wurde Verputz gefordert.
Zahlreiche Sichtfachwerke beraubte man auf rüde Weise mit Putzerbeil und Axt ihres Schmucks und verputzte sie. Um den »Steinbau« komplett zu machen, wurden an den Tür- und Fenstergewänden sowie Hausecken oft genug Verquaderungen und Steinprofile aufgestuckt. Neue Fachwerkgebäude wurden gleich als Putzfachwerke konzipiert. Weichholz wurde dabei zur Regel, die Holzstärken sanken auf Mindestmaße, und auf systematische »Fachwerkbilder« konnte verzichtet werden, auch auf Stockwerksauskragungen verzichtete man weitgehend.
In Oberdeutschland wurde der am Ende der Renaissance gefundene Schmuckreichtum zunächst weitergeführt, ja die schwungvolle Fassadengestaltung nahm zunächst noch zu. Das Profilieren der Stockwerks- und Traufgesimse und das netzartige Überziehen der Fachwerke erreichte um 1700 seinen Höhepunkt. Danach wurde die Masse der Gebäude kleiner und ärmer, der Schmuck geringer, wobei sich einzelne Schmuckelemente in den Gefachen und leichte Profilierungen der Gesimse bis ins 20. Jh. hielten.
Im Bereich fränkischen Fachwerks erlebte dieses im Barock nochmals eine ausgesprochene Blüte. Die Zimmermeister gingen spielend mit den Schmuckformen um, die Fachwerkfiguren wurden noch reicher und schwungvoller. Die Mannfigur wurde landschaftlich variiert – am Rhein erhielt sie Arme in Form geschweifter und mit Nasen besetzter Gegenstreben, in Südhessen standen die Streben steil, und in Nordhessen wurden sie konkav gebogen, sehr flach gestellt, den nächsten Feldständer oft durchschneidend.
Deutlich sind Versuche festzustellen, die Konkurrenzsituation mit dem Massivbau anders zu lösen als durch Verputzen der Fachwerke und Vortäuschen von Steinbauten. Künstlerische Höchstleistungen vollbrachte der fränkische Zimmermeister Jörg Hofmann, der, ohne mit Holz zu spa-

*40 bis 42 Auf den Bildern 40 und 41 sind Details des Dilligschen Hauses in Schesslitz abgebildet, auf Bild 42 ist im Hintergrund der Giebel des Rathauses in Burgkunstadt zu sehen. Beide Fachwerke stammen vom Zimmermeister Jörg Hofmann. Aus den Details wird deutlich, daß es Hofmann hier gelungen ist, den Wunsch nach dem »reichen« Steinbau vortrefflich in Holz zu erfüllen.*

*40*

ren, reich reliefierte, mit Motiven des Steinbaus dekorierte Fachwerke, wie das Rathaus in Burgkunstadt und das Dilligsche Haus in Schesslitz sowie Gebäude unter anderem in Zeil und Königsberg – alle in der weiteren Umgebung Bambergs –, schuf.[10]

In Niederdeutschland wurden die barokken Wohn-Stall-Speicher-Häuser noch größer, 20 × 40 m sind keine Seltenheit. Das Holzwerk wurde aber immer weniger geschmückt. Zum Ende des Barock wurden lediglich noch die Balkenköpfe und eventuell Knaggen profiliert, und Schwellen oder Rähme erhielten eine leichte Profilierung oder einen geschnitzten Sinnspruch. Da diese Fachwerke zum großen

*41*

*42*

43 *Die Giebelansicht und der Querschnitt des Hauses aus Mansholt zeigen den klassischen Aufbau des niederdeutschen Zweiständerhauses.*

44 *Der Ziergiebel des Kammerfachs eines Hauses aus Steinkirchen im Alten Land steht als Beispiel für einen reichen Schmuck in Form der ornamentierten Ziegelausfachung bei geringerem Schmuck an den Holzteilen.*

Teil mit gebrannten Ziegeln ausgefacht wurden, schmückte man die Giebel durch ornamental gesetzte Ziegelfelder. Bedeutende Beispiele hierzu sind unter anderem im Alten Land an der Unterelbe zu finden.

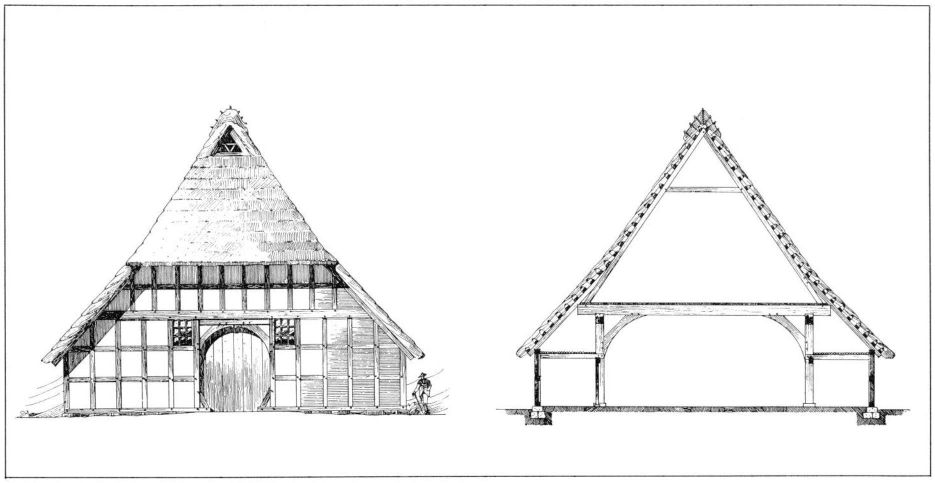

43

44

# Klassizismus

*45 Der Eckständer des mächtigen Eckhauses in Hannoversch Münden ist in der Formensprache des Klassizismus geschmückt.*

*46 Die Straßenzeile in Duderstadt zeigt die weitgehend schmucklosen Fachwerkkonstruktionen des Klassizismus.*

*47 und 48 Details aus Duderstadt und Celle zeigen die Formen des Klassizismus in den Details, besonders den Haustüren, bei sonst rein konstruktivem Fachwerk.*

Durch die »Vorliebe für Steinbauten«, die Putzfachwerkgebäude, werden im Klassizismus nur wenige, meist Fachwerke ärmerer Bewohner, als Sichtfachwerk errichtet. Ähnlich wie die Romanik war der Klassizismus im übrigen wieder ein Stil, der aus dem klassischen Massivbau schöpfte und zu dem Fachwerk weniger paßte.
Auch Sichtfachwerke wurden deshalb rein konstruktiv ausgebildet. Die Verstrebung wurde durch Streben zwischen Schwelle und Rähm und Kurzstreben zwischen Schwelle und Brüstungsriegel bewältigt. Der Formenkanon des Klassizismus wurde, wenn überhaupt, dem Fachwerk in Form von Säulenstellungen und Blendgiebeln aufgesetzt. Dazu traten als weitere Merkmale relativ flache Dächer sowie Fenster und Türen, die klassisch geprägt waren. Insbesondere in ländlichen Bereichen wurde der Klassizismus im Fachwerk kaum wahrgenommen, und barocke Elemente überlebten ihn.

46

47

48

45

# Gründerzeit und Jugendstil

*49 Im gründerzeitlichen Fachwerk dieses Fritzlarer Hauses sind die Formen früherer Stilepochen verquickt mit einer neuen Formensprache wie der Loggia und dem Schaufenster.*

Eine außergewöhnliche »Wiedergeburt« erlebte das Fachwerk im gründerzeitlichen Aufschwung. Im Zuge nationaler Zielsetzungen hatte man Fachwerk als »die germanische«, »die deutsche« Bauweise herausgestellt und war bemüht, sie als wichtiges Element in das Baukonzept der Gründerzeit – Wiederaufnahme der Stilmittel aus Romanik, Gotik, Renaissance und Barock – einzufügen. Bei diesem Konzept waren natürlich keine landschaftlichen Unterscheidungen gefragt, auch im Fachwerk sollte nur eine Nation dargestellt werden. So kam es dazu, daß in den Fachwerken der Gründerzeit alle Schmuckelemente nicht nur aller Stilepochen, sondern auch aller Landschaften gut durchgemischt ausgeführt wurden. Mehrgeschossige Fachwerkgebäude, Fachwerkobergeschosse und noch mehr Fachwerkgiebel wurden errichtet. Die Fachwerkstäbe waren schmal, gehobelt und stark abgefast. Die oft mit Klinkern ausgemauerten Gefache lagen 1 bis 2 cm (die Stärke der Fase) hinter der Holzvorderkante zurück. Nicht selten waren auf wenigen Quadratmetern Fassade Wellgiebel aus dem hessischen Raum kombiniert mit Fächerrosetten auf Fußwinkelhölzern aus Niedersachsen sowie steilen Streben aus Süddeutschland.

Seltener wurde in der Gründerzeit auch »international« gebaut. So steht in Frankfurt am Main ein Fachwerkhaus aus dem Jahre 1898 im vollendeten englischen Tudorstil.[11]

Ebenso selten sind ausgeprägte Jugendstilfachwerke. Dies sind ausgesprochen konstruktive Fachwerke, die entweder in Großformen der Verstrebung oder in Details Jugendstilmerkmale tragen.

49

50

51

*50 Das 1898 errichtete und im Zweiten Weltkrieg zerstörte Landhaus Waldfried in Frankfurt im Tudorstil ist eines der seltenen Beispiele für die Anwendung von Formen außerhalb des deutschsprachigen Gebietes.*

*51 Das Haus aus Kleinsassen in der Rhön weist sowohl in der Holzkonstruktion als auch der Loggiabrüstung Jugendstilelemente auf.*

# Historische Farbtechniken und Farbgebungen

1

1 (Seite 31) Im Jahre 1975 von Hans Donges erneuerter Kratzputz auf einem Fachwerk aus dem Jahre 1811.

2 Originalbefund aus dem Jahre 1585 am Gebäude Barfüßerstr. 20 in Marburg: Rot auf dem Holz, in das Gefach überstrichen und zwei schwarze Begleiter, die an den Ecken diagonal verbunden sind.

3 Originalbefund aus Niedererlenbach, 1728. Auch hier ist das Rot der Fachwerkhölzer in die Gefache hineingezogen und wird von einem schmalen schwarzen Begleiter begrenzt.

4 Befund aus Frankfurt/M-Enkheim aus dem späten 18. Jahrhundert mit graublauen Farbtönen auf dem Holz und roten Ritzern mit Schlangenlinien in den Ecken.

5 Originalbefund aus dem Taunus, 19. Jh., an einer Scheune: graublaue Farbtönung auf dem Holz, weiße Gefache mit einem schmalen roten Ritzer.

2

3

4

5

*6 bis 8 Das Hornmoldhaus in Bietigheim aus dem Jahre 1526 erhielt nicht nur seine originale Außenfassung mit »Ochsenblut«-Rot, schwarzem Begleiter und schwarzem Ritzer, sondern besitzt auch bedeutende Innenfassungen wie die Holzdecke auf Bild 7.*

*6*

*7*

*8*

*9 bis 12 Das an neuem Standort remontierte Rathaus von Plochingen aus dem Jahre 1520 erhielt wieder seine ursprünglichen Farbfassungen, sowohl außen als auch innen. Die Fachwerkfassung außen besteht aus »Ochsenblut«-Rot auf dem Holz und hellbeigefarbenen Gefachen mit schwarzen Begleitern. Die Fotos 11 und 12 zeigen Details der Innenfassung.*

*9*

*10*

*11*

*12*

*13 bis 15 Auch das Rathaus in Besigheim aus dem Jahre 1459 trägt seine ursprüngliche »Ochsenblut«-Rot-Fassung mit schwarzer Bandelierung. Die Details zeigen, daß das Rot teilweise in die Gefache hineingezogen ist und der mittlere Strich der Bandelierung nach außen auf Null ausläuft: Auch dies ist ein Versuch, das Fachwerk mit »Relief« darzustellen.*

13

14

15

*16 bis 19 Das Haus Kielmeyer am Marktplatz in Esslingen steht als weiteres Beispiel für eine prächtige Rotfassung mit schwarzer Bandelierung. Die Details auf den Fotos 17 und 18 zeigen, welche Eleganz durch die ausschmückenden Hölzer und die Bandelierung erreicht wird.*

*Bild 19 zeigt die Fassung des Erdgeschosses und ersten Obergeschosses.*

16

17

18

19

*20 und 21 Eine auffällige, nach Befund wiederhergestellte Farbfassung trägt das Haus Fischmarkt 16/17 in Limburg. Das Detail auf Bild 21 zeigt das Schwarz auf den Hölzern mit breiten roten, grauen und schwarzen Begleitstrichen.*

*22 und 23 Das prächtigste Haus am Camberger Markt erstrahlt heute wieder in seiner Grünumbra (Grünerde)-Fassung mit orangeroten Begleitern. Der Schnitzschmuck ist vielfarbig abgesetzt.*

*24 Detail einer Grünumbra-Fassung mit kräftigem, mennige-rotem Begleiter.*

20

22

21

23

24

25 und 26 *Weiß angelegtes Holzwerk und ornamentierte Ziegelausfachungen sind typische historische Fachwerkfassungen des Alten Landes.*

27 und 28 *Zu den außergewöhnlichen Behandlungen von Fachwerkgefachen gehören die Stipp- und Kratzputztechniken in der Umgebung Gladenbachs im hessischen Hinterland, wie das Beispiel aus Holzhausen zeigt.*

25

26

28

27

# Gefachaufbau

*29 Bei den Fachwerken Niederdeutschlands überwiegen unverputzte Ziegelausfachungen. Die Fuge zwischen Holz und Ziegeln soll im Normfall dünner sein als auf dem Beispiel sichtbar.*

*30 Blockbohlenausfachung eines Fachwerks in Esslingen. Die Keile trugen den dicken Lehmauftrag zur Verbesserung der Wärmedämmung.*

*31 An einem Gebäude im Freilichtmuseum Hessenpark im Taunus sind die verschiedenen Stadien einer Wand mit Strohlehmstakung dargestellt.*

*32 bis 34 Stakhölzer und Geflecht wurden sehr verschieden ausgeführt. Bild 32 zeigt ein Beispiel aus dem Vogelsberg, Bild 33 aus Frankfurt und Bild 34 aus dem Emsland.*

Bei Fachwerkhäusern ist grundsätzlich zu trennen zwischen der tragenden und in sich ausgesteiften Holzkonstruktion und den nicht tragenden, wandabschließenden Gefachfüllungen, den Ausfachungen. Die Ausfachungen müssen als Wandschluß eine Reihe bauphysikalischer Bedingungen erfüllen, wie Wärmeschutz, Schallschutz, Dichtigkeit, Beständigkeit gegenüber Bewitterung und mechanischer Beanspruchung.
Als Material für die Gefachfüllungen verwendete man Bohlen (Ständerbohlenbauten), Bohlen mit einem äußeren Lehmschlag auf Keilen, Ausmauerungen mit Natursteinen, gebrannten Ziegeln oder ungebrannten Lehmziegeln und Strohlehm auf Stakhölzern. Da das Material für Strohlehmstakungen – Lehm, Stroh, Eichenstaken und Weiden- und/oder Haselnußruten – außer in einigen Landstrichen Norddeutschlands überall zur Verfügung stand und nur geringe Kosten bereitete, setzte sich diese Technik in Mittel- und Süddeutschland weitgehend durch. Die Gefachfüllungen mit Strohlehm hatten neben der Preisgünstigkeit noch eine Reihe weiterer Vorteile, wie die wesentlich bessere Wärmedämmung und Wärmespeicherung sowie die Tatsache, daß bei Regen der Lehm an den Kanten zum Holz hin etwas quoll und mit diesem Quellen der Haarriß zwischen Lehm und Holz geschlossen, das heißt dicht wurde.

29

30

31

32

33

34

*35 bis 37 Lehmgefache mit Lehmputz werden heute extrem stark von der Witterung angegriffen. Früher ließ man bei einfachen Wohnhäusern und Nebengebäuden den Lehmputz vielfach unbehandelt stehen.*

*35*

*36*

*37*

Die Technik der Herstellung von Lehmstakungen war bei Handwerkern und Bürgern und Bauern so allgemein bekannt und verbreitet, daß über sehr grobe Hinweise hinaus kaum Anweisungen in der Literatur zu finden sind.

Ende des Barock wurde noch der weitaus größere Teil aller Fachwerke ausgestakt, dennoch berichtet L. J. D. Suckow in der »Bürgerlichen Baukunst«: »Die gewöhnlichen hölzernen Gebäude werden auf einem gemauerten Grunde von Bauholz errichtet, deren Fache theils mit natürlichen, theils mit Backsteinen ausgemauret, oder wohl gar mit Stöcken, Flechtwerk und Leimen (Lehm) ausgefüllt werden.«[12] Carl Schäfer schreibt in seinen Vorlesungen Ende vergangenen Jahrhunderts: »Der Gefachschluß ist nach der üblichen, alten deutschen Art in Zaunwerk mit Lehm geschlossen, und zwar folgendermaßen: Es werden gespaltene (nicht gesägte) Stäbe senkrecht in Nuten des Fachwerks eingefügt und mit Weidenruten in waagerechter Richtung durchflochten. Gegen diese Hürde wird von innen und außen Strohlehm geklebt. Diese Füllung bleibt um die Putzstärke (etwa 15 mm) gegen die Fläche der Konstruktionshölzer zurück, so daß der Putz nachher mit dem Holzwerk bündig liegt«[13], und Bomann schreibt 1926: »Nach dem Richten des Hauses (Husrichten) beginnt das Ausfüllen des Fachwerks. . . . An den Wohnteilen füllte man in ältester Zeit das Fachwerk mit ›Lehmstaken‹. Das waren gespaltene Holzscheite (Holtsprütten) aus weichem Holze, die zwischen zwei an den oberen und unteren Seiten der Riegel eines Faches ausgearbeitete Falze geschoben und dann durch quer hindurch geflochtene Heister oder auch Reisig verbunden werden. Auf dieses Holzgeflecht wird an beiden Seiten ein Putz von Strohlehm aufgetragen, der zuletzt einen weißen, gelben oder roten Kalkanstrich erhält.«[14]

Bei den Arbeiten geht man folgendermaßen vor: In die mittig angeordneten waagerechten oder senkrechten Nuten der Fachwerkstäbe werden gespaltene, bis zu 5 cm dicke Holzstaken eingeschlagen. Die Staken spaltet man aus 12 bis 15 cm starkem Eichenrundholz. Diese Stakung wird mittels Weiden- oder Haselnußgeflecht verdichtet und von beiden Seiten mit Strohlehm beworfen, der holzbündig abgezogen wird. Der Strohlehm besteht aus nicht zu fettem und nicht zu magerem Lehm, dem gehäckseltes Gerstenstroh, in Ausnahmefällen auch Roggenstroh, zur Armierung beigemischt wird. Die Mischung muß mindestens 24 Stunden vor der Verarbeitung angeteigt und gut durchgeknetet werden. Beim Trocknen der ersten Lehmschicht verringert sich das Volumen durch Schwinden erheblich, so daß nach Austrocknung putzartig eine zweite feinere Lehmschicht aufgetragen werden muß, die auch die entstandenen Spalten zwischen Holz und dem ersten Lehmbewurf ausfüllt. Das Fachwerk wurde, wie an Befunden erkennbar, noch in der Spätgotik vielfach auch im Gebäudeinneren unverkleidet und unverputzt offen stehengelassen.

Zur Zusammensetzung des Lehms und Art des Strohs ist im »Schauplatz der Künste und Handwerke« detailliert ausgeführt: »Der Lehm ist hinsichtlich der Güte sehr verschieden. In manchen Provinzen ist derselbe fett und thonartig, in andern Provinzen wieder mager, das heißt, entweder mit Sand oder Flugerde vermischt, und in wieder andern Provinzen ist der Lehm rein und frei von allen andern Bestandtheilen, weshalb derselbe reiner Lehm genannt wird, welcher auch zur Cementirarbeit hinsichtlich der Dauer der beste ist. Zum Bewickeln der Schaal- oder Staakhölzer ist durchaus entweder thonartiger oder reiner Lehm erforderlich. Sandiger oder mit Flugerde vermischter Lehm hat an dem Holze keine bindende Kraft und zieht sich nicht selten bei der Cementirung der Decken los, so daß ganze Balkenfelder herabfallen; solcher Lehm muß dann mit Thon vermischt werden, wodurch derselbe mehr bindende Kraft erhält. Ist der Lehm aber zu fett, das heißt, mit zu viel Thon vermischt, so reißt derselbe bei'm Trocknen voneinander, welches hinsichtlich der Dauer wiederum nachtheilig ist; solcher Lehm muß daher mit etwas Sand und einer hinreichenden Menge gehacktem Stroh vermischt werden.

An den Wänden kann übrigens der magere Lehm, wenn derselbe gehörig mit gehack-

38 *Der Kalkputz auf diesem Lehmgefach wurde gestippt, um eine bessere mechanische Haftung zu erreichen.*

39 *Im fränkischen Freilichtmuseum in Bad Windsheim wurden diese in den Putz gekratzten Ornamente einer Scheune rekonstruiert.*

40 *Am Küsterhaus in Bad Hersfeld, um 1452 errichtet, wurden in den Lehmputz eingedrückte Dreiecksmuster gefunden und wiederhergestellt.*

41 *Durch den Schutz eines angrenzenden Gebäudes hielt sich dieser Lehmputz aus dem späten 16. Jahrhundert bis in unsere Zeit.*

tem Stroh vermischt wird, überall angewendet werden . . .
. . . das Gerstenstroh oder das kurze Roggenstroh hingegen zu den übrigen Cementirarbeiten . . . Vorgedachtes Stroh muß daher rein, nicht zu stark im Halme und von allem Unkraute befreit sein, widrigenfalls dasselbe vor dem Verbrauche von dem beigemischten Unkraute gereinigt werden muß. Zu den übrigen Cementirarbeiten eignet sich jedoch das Gerstenstroh weit besser, als das kurze Roggenstroh, weil es viel geschmeidiger oder biegsamer ist, als das Roggenstroh. Das Roggenstroh ist hingegen wegen seiner Barschheit oder Unbiegsamkeit dem Tünchwerke öfters sehr nachtheilig, weil es mit seinen Endtheilen immer wieder aus dem nassen Lehme hervortritt und sich auf keine Weise mit dem Lehme in eine egale Fläche bringen läßt, weshalb der Kalkmörtel öfters weit stärker aufgetragen werden muß, als erforderlich ist, um das Stroh zu decken. Man wende daher, wenn es zu haben ist, lieber Gerstenstroh bei der Cementirung der Decken und Wände an.«[15]

Die obere dünne Lehmschicht wurde als Verputz oft schon mit Kalk verbessert und statt mit gehäckseltem Stroh, mit Flachshäcksel oder mit Tierhaaren bewehrt. Auch 2 bis 5 mm dünne Kalkputze direkt auf der obersten Lehmschicht kommen häufig vor, sie sind oft mit Tierhaaren gegen Reißen gesichert.

40

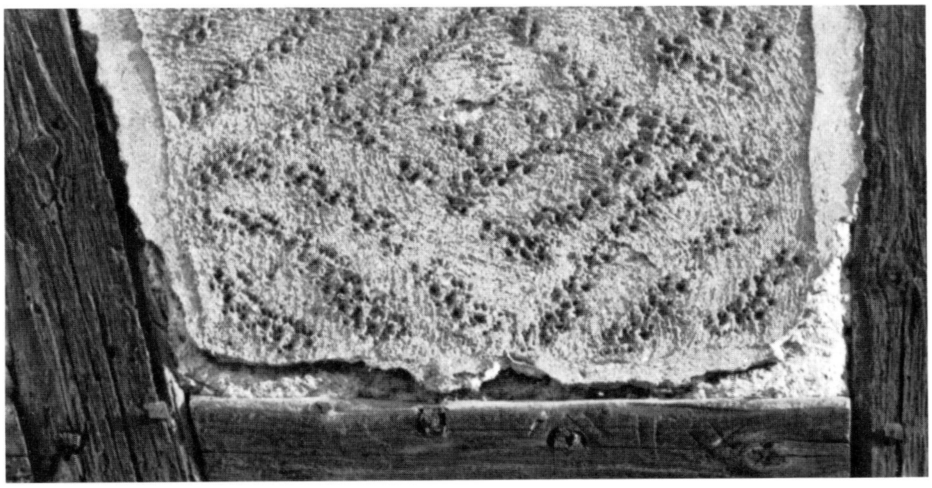
38

41

39

In einigen Landschaften Deutschlands wurde Fachwerk nie farbig behandelt. Dörfer im Dillkreis, deren Fachwerke in einem matten Silbergrau – aus der Anwitterung des Eichenholzes entstanden – mit weißen Gefachen sich bis heute schlicht zurückhaltend präsentieren, stehen als Beispiele hierfür ebenso wie zahlreiche Holzbauten im Schwarzwald und Voralpenland, bei denen wegen des großen Dachüberstandes kein Schutz durch Farbe notwendig war. Der größere Teil aller Fachwerke seit der Spätgotik war aber farbig gefaßt, wie die erzielten Farbbefunde beweisen. Leider wurde bisher in vielen Fällen nicht auf Befunde geachtet, oder entsprechende Befunde wurden nicht ausreichend untersucht, daß die Ergebnisse, insbesondere bezüglich der verwendeten Bindemittel, nicht verallgemeinert werden können. Auch ist die Analyse der Bindemittel häufig schwer durchzuführen, da die Herkunft zum Beispiel organischer Eiweißverbindungen nicht eindeutig zu klären ist. Als Bindemittel kommen Kalk, Öle, Leime, Blutplasma und Verbindungen dieser Mittel, wie Kalk mit Magermilch in Form der Kalkkaseintechnik oder Emulsionen aus Kalk und Blutplasma, in Frage.
Bei Originalbefunden in Weißenburg und in Roth in Franken wurde bei Farbfassungen des 16. Jh. Kasein als Bindemittel festgestellt, bei Wiederholungsanstrichen des 17. Jh. in einem Fall Kasein, im zweiten Falle eine Leimkaseinverbindung.[16] Die zahlreichen Befunde, meist aus der zweiten Hälfte des 15. Jh., die H. Wengerter in Nord-Württemberg aufgedeckt hat, basieren ebenfalls auf Kalkseifen, die zumindest zum Teil auf Kaseintechnik schließen lassen.[17]
Originalbefunde aus dem Jahre 1482 in Frankfurt am Main-Höchst und aus dem Jahre 1728 in Frankfurt am Main-Niedererlenbach[18] lassen als Bindemittel ebenso Kalkkasein vermuten.
Im Harz stellten Restauratoren mittels chemischer Bindemittelanalysen an einer ganzen Reihe von Gebäuden Eiweiß fest und schlossen daraus auf die Verwendung von Kasein oder Milch bei den Anstrichen auf den Holzteilen[19]. Wegen der immer noch wenigen untersuchten Befunde erscheint es noch zu früh, endgültig Aussagen zu den Bindemitteln zu machen. Trotzdem kann bei vorsichtiger Verallgemeinerung davon ausgegangen werden, daß bis auf einige, lokal begrenzte Ausnahmen vom 15. bis 18. Jh. Kalkseifen auf der Basis von Mischungen mit Magermilch (Kasein) oder Blutplasma weitverbreitete Bindemittel für die farbige Fassung der Fachwerkhölzer waren. In der zweiten Hälfte des 18. Jh. und im 19. Jh. wurden dann viele Anstriche auf Ölbasis ausgeführt und im 20. Jh. leider auch dichte Lacke verwendet.
Für die Gefache aus Stakung mit Lehmbewurf wurden praktisch ausschließlich Kalkanstriche mit Beimengungen zur mechanischen Haftfestigkeit, besseren Aushärtung und größerer Widerstandsfähigkeit verwendet. Die Erstanstriche der Gefache erfolgten dabei teilweise in Freskotechnik auf den angefeuchteten Lehm.
Zur besseren Aushärtung des Kalks mischte man diesem vielfach Heringslake bei. Als weitere Beimischungen sind Öle, Leime, Milch, Blutwasser sowie Tierhaare zur Bewehrung bekannt. In älteren Lehrbüchern sind dazu noch Rezepturen zu finden. So empfiehlt zum Beispiel Pileur d'Apligny in »Abhandlung von den Farben und ihrem Gebrauch in Absicht auf die Künste und Handwerker«, 1779, den Kalkanstrich auf Lehmuntergrund in folgender Weise aufzubringen: »Einen weißen Mörtel zum Überziehen der Wände, die vorher mit Erde beworfen sind. Er wird von Kuhhaaren und bloßem Kalk ohne Sand gemacht. Gemeiniglich nimmt man einen Scheffel Kuhhaare auf 6 Schfl. Kalk ohne Sand. Die Haare binden den Kalk, und machen, daß er hart wird, ohne Risse zu bekommen.«[20]
Weiter beschreibt er als Bindemittel: »Die andere Art von Kütte besteht aus Käse, Milch, Eiweiß und Kalk, welche untereinander gerührt werden. Sie wird ebenfalls warm gebraucht, die wenigsten Arbeiter bedienen sich ihrer aber, weil sie solche nicht kennen.«[21]
Tierhaare werden dem Verputz aus Lehm, Kalk oder Kalkmörtel zur Bewehrung gegen Reißen und zur besseren Haftung auf dem Untergrund beigegeben. Es können Kuh-, Kälber- oder Rehhaare verwendet werden, Schweine- und Wildschweinborsten eignen sich weniger, da sie zuwenig geschmeidig sind. Die Haare müssen trocken, weitgehend fettfrei und dürfen nicht verfilzt sein, das heißt, sie müssen speziell aufgearbeitet werden.
Friedrich Christian Schmidt stellt in »Der bürgerliche Baumeister, oder Versuch eines Unterrichts für Baulustige« aus dem Jahre 1790 zwei Möglichkeiten zum Überputzen von Lehm vor, gibt dabei aber auch dem Kalk ohne Sandbeimischung den Vorzug. Die Rezepte sehen jeweils den Überzug des ganzen Gebäudes vor, sie sind natürlich ebenso für Fachwerkausfachungen anzuwenden.
»Da ich in diesem Theil blos von hölzernen Gebäuden rede, und diese ohne einen Überzug von Kalk ein sehr ländliches Ansehen haben würden, so will ich hier nur kürzlich die verschiedenen Arten erwähnen, deren man sich zum Überzug der Häuser bedient. Eine Wand wird entweder rauh beworfen, oder glatt abgetüncht. Das erste geschieht vermittelst des Kalks, welcher zur Helfte mit Kiessand vermischt wird, indem man solchen auf eine geschickte Art mit der Mauerkelle wider die Wand wirft, wodurch der Überzug zwar eben wird, aber doch rauh bleibt; und bey der zweyten Art bedient man sich nur des Kalks zum Auftrag, welcher ganz glatt gestrichen wird. Der Bewurf oder das Berappen hat zwar einen äußerlichen Schein von mehr Festigkeit, ist aber deswegen nicht sehr zu empfehlen, weil sich aller Staub auf die kleinen Erhöhungen lagert, wodurch dergleichen Wände, zumal wenn der Regen dazu kommt, sehr bald ein schmutziges Ansehen erhalten. Besser ist es daher, wenn man sich dieser Art des Überzugs nur am Fuß der Gebäude unter der Bossage, oder zur Abwechselung in den Füllungen oder Feldern bedient, und das Gebäude überhaupt glatt abtüncht. Der Überzug mit Kalk bläsert sich am wenigsten ab, wenn man die Wand vorher mit Lehmen ganz eben überzieht, und in den Lehmen vermittelst eines Spitzhammers Lücken hackt, auch wohl Stückchen Ziegelstein, Topf- und Glasscherben in den noch nassen Lehm eindruckt, damit sich der Kalk mit diesen verbindet.«[22]

*42 Großflächiger Innen- und Außenbefund aus dem Jahre 1481/82 am Haus »Zum Anker« in Frankfurt-Höchst mit »Ochsenblut«-rotem Holz, grauen Begleitern und schwarzen Ritzern.*

Schmidt empfahl das vollständige Zuputzen von Fachwerken, um Steinbauten vorzutäuschen: ». . . ja, jedem Gebäude auch äußerlich den Schein von Festigkeit zu geben und diesem Bestreben wird am ersten eine Genüge geleistet, wenn man auch den hölzernen Häusern soviel als möglich das Ansehen zu geben sucht, als wären sie von guten gehauenen Steinen erbaut.«[23] Für Holzwerk sah er ölhaltige Anstriche vor, für den Kalkanstrich eine Freskotechnik.

Auch der viel diskutierte »Ochsenblutanstrich« läßt sich mit Hilfe eines alten Rezepts einfach klären. L. Hüttmann schreibt im »Neuen Schauplatz der Künste und Handwerke«, 18. Band, Cementir, Tüncher- und Stuccaturarbeit, 1842:

»Vom Farbeanstriche mit Blutwasser.

Das Blutwasser der Thiere ist der wässerige durchsichtige Theil des Blutes, der sich vom Blutkuchen absondert. Diese Flüssigkeit nun, welche man in den Schlachthäusern oder bei den Fleischern bekommt, wird zum Anmachen der Farbe auf ähnliche Weise, wie die geronnene Milch, benutzt. Man muß das Blut der geschlachteten Thiere in ganz reinen Gefäßen auffangen und diese an einen kühlen Ort stellen. Nach Verlauf von 4 oder 5 Stunden hat sich das Blutwasser vom Blutkuchen getrennt, und wenn man es vorsichtig abgießt, so kann man es sehr rein und fast farbelos erhalten. Sollte es einige fremdartige Körper enthalten, so müßte man es durch ein Sieb schlagen.

Die Farbe wird auf folgende Weise bereitet: 8 Pfund ungedichteter pulverisirter und durch's Sieb geschlagener Kalk nebst 2 Pfund pulverisirter Farbe, welche dem Kalke die gewünschte Färbung giebt, werden mit 6 bis 7 Berliner Quart Blutwasser angemacht. Man kann das Verhältnis des Kalkes vermehren; aber das Gewicht der pulverisirten Farben darf niemals mehr betragen, als den vierten Theil vom Gewichte des Kalkes. Man kann sich das Pulverisiren des Kalkes ersparen, sobald man den Kalk mit so wenig, wie möglich, Wasser frisch löscht und ihn dann durch ein seidenes Sieb schlägt.

Die Dauerhaftigkeit dieser Farbe hängt von dem Zustande des Blutwassers in dem Augenblicke ab, wo man dasselbe zum Anmachen der Farbe benutzt. Es geht so rasch in Fäulnis über, daß man es denselben Tag noch, wo man die Farbe damit angemacht hat, zum Anstriche verwenden muß. Man thut deshalb wohl, nicht mehr Farbe anzumachen, als man in 4 oder 5 Stunden consumiren kann; denn sobald der faulige Geruch sich kund giebt, ist es auch schon so weit verdorben, daß der Anstrich, den man damit ausführt, bald wieder in Gestalt von Schuppen oder von Staub abfällt.

Die Mischung von Kalk und Blutwasser erhält oft während des Anstreichens eine zu dicke Consistenz; deshalb muß man ein Gefäß mit frischem Blutwasser vorrätig haben, um der Farbe immer so viel davon zusetzen zu können, daß sie für den Anstrich tauglich bleibt.

Mit dieser Farbe giebt man zwei oder drei Anstriche, und sie wird, nachdem sie getrocknet ist, weder von Reibung, noch vom Abwaschen mit Wasser angegriffen.

Es muß bei dieser Gattung des Anstrichs in allen einzelnen Theilen die größte Reinlichkeit stattfinden, und so müssen, zum Beispiel, die Pinsel und die Gefäße nach Verlauf eines jeden Tages gewaschen und gereinigt werden. Der königliche Palast zu Madrid ist, was Thüren und Fenster anlangt, auf diese Weise angestrichen worden, und man hat sehr befriedigende Resultate erlangt.«[24]

Die historischen über viele Jahrhunderte bewährten Rezepturen gingen bis zum Ende des 19. Jh. vollständig verloren, dies ist aus der Tatsache zu ersehen, daß Ochsenblut bis in unsere Tage als komplettes Anstrichmittel – also Pigment und Bindemittel – angesehen wurde.[25] Versuche zeigten jedoch, daß reines frisches Ochsenblut, auch mehrfach aufgetragen, der Witterung ausgesetzt, nach einem Jahr kaum noch zu erkennen ist. Unbewittert behält der Ochsenblutanstrich für einige Zeit einen rostroten Farbschimmer.

Eine seltene Bindemittelkombination wird im »Casseler Wochenblatt« für die Provinz Niederhessen vom 2. Januar 1822 empfohlen: »Anweisung zur Bereitung eines dauerhaften Anstrich's für hölzerne Wände, um sie vor Zerstörung zu schützen.

Zur Darstellung dieses sehr brauchbaren Anstrichs schmelzt man ¾ Pfund Kolo-

42

43 *Schwarze Fassung eines gotischen Hauses aus Alsfeld.*

phonium in einer eisernen Pfanne, setzt 12 Maas (24 Pfund) Fischthran, und 3 bis 4 Stangen (2 Pfund) Schwefel hinzu. Wenn das Kolophonium und der Schwefel sich völlig aufgelöst haben, setzt man dem Gemenge gelben oder braunen Okker zu, je nachdem die Farbe seyn soll, der vorher mit Öl oder Thran abgerieben worden war. Man trägt nun das Gemenge ganz heiß mit einem Pinsel auf, und zwar das erste Mal so dünn als möglich, und wiederholt diesen Anstrich nach ein paar Tagen, wenn der erste sich eingezogen hat. Wer da will, kann noch einen dritten Anstrich geben.«[26]

Kaseinfarben bezeichnet Hüttmann als Milchfarben:

»Vom Milchfarbeanstriche.

Seit undenklichen Zeiten ist der Milchfarbeanstrich in Ostindien gewesen. Man macht dort eine Mischung von 9 Theilen gelöschtem Kalk und 1 Theile sehr feinem Sand, worauf dieselbe mit geronnener Milch und Eiweiß angemacht wird. Der kaiserliche Palast von Sirinapur in Hindostan ist so angestrichen.

Tadet de Baur hat schon im Jahr 1805 den Milchfarbeanstrich empfohlen und folgende Verhältnisse für eine Quantität Farbe angegeben, mit welcher man eine Oberfläche von 244 Q.Fuß anstreichen kann.

Man nimmt 2 Liter (1¾ Berliner Quart) abgerahmte Milch, 180 Gramm (etwas über 12 Loth) frisch gelöschten Kalk, 125 Gramm (circa 8½ Loth) Leinöl, Ruß- oder Mohnöl, 1¾ Kilogramm (circa 3¾ Pfund) Spanisch-Weiß.

Den Kalk löscht man auf die Weise, daß man ihn in Wasser taucht, sogleich herausnimmt und an der Luft in Pulver zerfallen läßt. Man giebt den Kalk in ein Gefäß aus Steingut, oder in ein glasirtes irdenes Gefäß, und setzt so viel Milch zu, daß man einen dünnen Brei erhält. Nach und nach setzt man Öl zu, wobei man mit einem hölzernen Spatel umrührt; endlich setzt man die übrige Milch zu, verwandelt das Spanisch-Weiß in Pulver und bedeckt damit ganz gleichförmig die Oberfläche der Flüssigkeit. Das Spanisch-Weiß zieht nach und nach die Flüssigkeit an und fällt endlich zu Boden. Man rührt nun um und mischt diese Farbe gut mit einem Pinsel; auch setzt man Schwarz, Gelb oder jede andere Farbe in feinem Pulver zu, um die gewünschte Farbe zu erhalten. Wenn man zum Voraus sieht, daß die Quantität dieser gepulverten Farbe mehr als $^1/_{10}$ des Spanischen Weiß beträgt, so muß man die Quantität des letztern um den Überschuß der zuzusetzenden Farbe vermindern, damit die Farbe nicht zu dick werde. Die auf diese Weise dargestellte Farbe schlägt man entweder durch ein Haarsieb, oder durch ein seidenes Sieb, je nach dem Grade der Feinheit, welchen man der Farbe geben will.

Die geronnene Milch kann zu dieser Farbe angewendet werden, denn sie erlangt augenblicklich ihre Flüssigkeit, sobald sie mit dem Kalke in Berührung kommt. In keinem Falle darf sie sauer seyn, denn sonst würde sie mit dem Kalke ein Salz bilden, welches die Fähigkeit besäße, Feuchtigkeit anzuziehen.

Um einen weißen Anstrich auszuführen, nimmt man am zweckmäßigsten Mohnöl, weil dasselbe weniger, als die andern Öle, gefärbt ist. Für gelbe, braune, rothe und andere dunkelfarbige Anstriche kann man ganz gewöhnliche Öle nehmen.

Das Öl verschwindet ganz in der Mischung von Milch und Kalk, indem es sich mit dem Kalke vollständig zu einer Kalkseife verbindet.

Der Käsestoff oder Käsequark ist derjenige Bestandtheil der Milch, der sich für diesen Anstrich eignet, wogegen die Butter und das Serum, die beiden andern Bestandtheile der Milch für diesen Zweck unnütz oder sogar nachtheilig sind.

Die Art, wie der Milchfarbeanstrich ausgeführt wird, ist ganz diejenige, welche bei'm Leimfarbeanstriche in Anwendung kommt. Man sehe nur darauf, die Farbe jedesmal umzurühren, so oft man mit dem Pinsel davon nimmt; denn es bildet sich sehr bald ein beträchtlicher Niederschlag, und die Milch steigt sogleich zur Oberfläche empor. Dieser Anstrich hat etwa dasselbe Ansehen und dieselbe Dauer, wie der gewöhnliche Leimfarbeanstrich.

Der Kitt für den Milchfarbeanstrich wird auf die Weise bereitet, daß man der Mischung, mit welcher man anstreicht, so lange gepülvertes Spanisch-Weiß zusetzt, bis sie die Consistenz eines etwas weichen Kittes erlangt hat. Man kann diesen Kitt nicht in der Hand halten, denn er würde in Gestalt zäher Fäden entweichen. Giebt man ihm aber mehr Consistenz, so hat er nicht die Dauer und läßt sich nur leichter anwenden.

Die Milchfarbe hat vor der Leimfarbe das zum Voraus, daß man sie mehrere Wochen aufbewahren kann, ohne daß sie verdirbt, selbst bei der wärmsten Witterung. Sie verbreitet ferner keinen übeln Geruch, kann auf alte Ölfarbeanstriche aufgetragen werden, hat eben so viel Glanz und trocknet eben so rasch als die Leimfarbe, kostet auch dabei weniger, als letztere, zumal auf dem Lande, wo es Milch im Überflusse giebt.«[27]

43

# Farbpigmente

*44 Doppelseite aus der »Abhandlung von den Farben und ihrem Gebrauch in Absicht auf die Künste und Handwerker« von le Pileur d'Apligny aus dem Jahre 1779 mit Farbrezepten.*

Zu den farbigen Pigmenten sind mehr Befunde bekannt, allerdings wurden diese vielfach nur in Augenschein genommen und nicht chemisch analysiert. Dort, wo gestrichen wurde, sind auf den Hölzern fast immer kräftige, deckende, aber nicht grelle Farbtönungen zu finden. Die Ausfachungen waren, wie schon ausgeführt, meist nur gekalkt, wobei der Kalk oft durch Verschmutzungen oder die Beimischungen zur besseren Witterungsbeständigkeit ungewollt eine leichte Farbtönung erhielt.
Untersuchungen in Franken belegen für zwei Gebäude im 16. Jh. Goldocker als Farbe für die Hölzer. Schon im 17. Jh. wurden die ursprünglichen Farbtöne Rot oder Grün überstrichen. In Nord-Württemberg untersuchte Häuser des 16. Jh. weisen weitgehend rote »Eisenoxid/Erdfarben« auf den Hölzern auf.
Das Frankfurter Haus aus dem Jahre 1481/82 zeigt ebenfalls ein kräftiges Oxidrot. Dieses Rot konnte in der Umgebung Frankfurts bei ca. 150 Fachwerkfreilegungen in ca. 90% aller Fälle, bei denen ein Befund erzielbar war (ca. 40 Gebäude zwischen 1480 und 1800), nachgewiesen werden. Bei zwei Fassungen wurde vereinzelt auch Schwarz mit Umbra aufgehellt und Grünumbra festgestellt.
Die zahlreichen Befunde von Restaurator Josef Weimar, Elz, unter anderem in Limburg, Camberg, Elz und Alsfeld, brachten in vielen Fällen ebenfalls rostrote bis braunrote Tönungen zutage, daneben aber auch in Einzelfällen Schwarz, Silbergrau und Grünumbra wie bei der Camberger Apotheke und dem Neurath-Haus in Alsfeld.
Bei 20 untersuchten Fachwerken aus dem 16. bis 18. Jh. im Ostharz (Quedlinburg und Osterwieck) konnte eine Restauratorengruppe unter der Leitung von M. Schneider 17mal Schwarz und dreimal Rot als Balkenfarbe feststellen. Die roten Pigmente waren wiederum Eisenoxidfarben, für das Schwarz wird Beinschwarz angenommen.
Für den westlichen Harz nimmt H. G. Griep die Verwendung von Holzteer[28], der neben dem Witterungsschutz zugleich auch gegen tierische und pflanzliche Schädlinge Schutz bot, an.
H. Stelzer stellt für frühe Farbanstriche in Quedlinburg ebenso fest: »Das Holz wurde mit Kienruß geschwärzt. In Quedlinburg war ein von den Köhlern des Harzes hergestellter Holzteer mit Beimengung von Ochsenblut als Farbstoff, neben der Tränkung mit einem Gemisch aus Firnis und den Flugstoffen des Bleiverhüttungsprozesses, das bekannteste Rezept.«[29]
Aus Norddeutschland berichtet J. W. H. Kraft von Standölanstrichen mit Kienruß und von Teeranstrichen, weist aber darauf hin, daß bei diesen die Gefahr besteht, daß nach Anwitterung des Teers eine stark saugende Farbschicht zurückbleibt, welche die Feuchtigkeit zu lange im Holz hält.[30] Ähnliche Anstrichmittel für die Fachwerkhölzer wurden wohl auch in Westfalen benutzt, wo bis heute schwarze Holzfassungen vorherrschen.
Die Rezepturen für farbige Pigmente sind häufiger in der Literatur zu finden. Ein Beispiel wird dazu aus der »Abhandlung von den Farben und ihren Gebrauch« für das Beinschwarz angeführt, da dieses weit weniger bekannt ist als die Schwarzpigmente aus Ruß:
»Beinschwarz oder Helfenbeinschwarz. Helfenbeinschwarz wird aus bloßem Helfenbein gemacht, nachdem man es so lange calcinirt, bis es völlig schwarz geworden. Man wäscht es und macht Kuchen zum Gebrauch der Maler daraus. Das Beste muß weich, leicht zerreiblich und recht klar gerieben seyn. Das Beinschwarz wird auf eben diese Weise von Knochen der Ochsen und Kühe verfertiget, es ist aber nicht so gut als jenes.«[31]
L. Hüttmann beschreibt im »Neuen Schauplatz der Künste« die Zubereitung von mehr als 70 Pigmenten, darunter auch Oxidrot: »Vom Englischen Braunroth, Colcothar oder rothem Eisenoxyd.
Wenn Eisenvitriol bei einem so hohen Hitzgrade geglüht wird, daß der Farbenton eine dunklere und violettere Abstufung, als diejenige des Preußischen Rothes annimmt, so erhält man das Englische Braunroth. Als Ölfarbe gewährt es die Farbenabstufung der wilden Roßkastanie; als Leimfarbe ist sein Farbenton bei weitem nicht so reich. Es deckt sich sehr gut und hat ein größeres Färbevermögen, als das Preußische Roth.«[32]

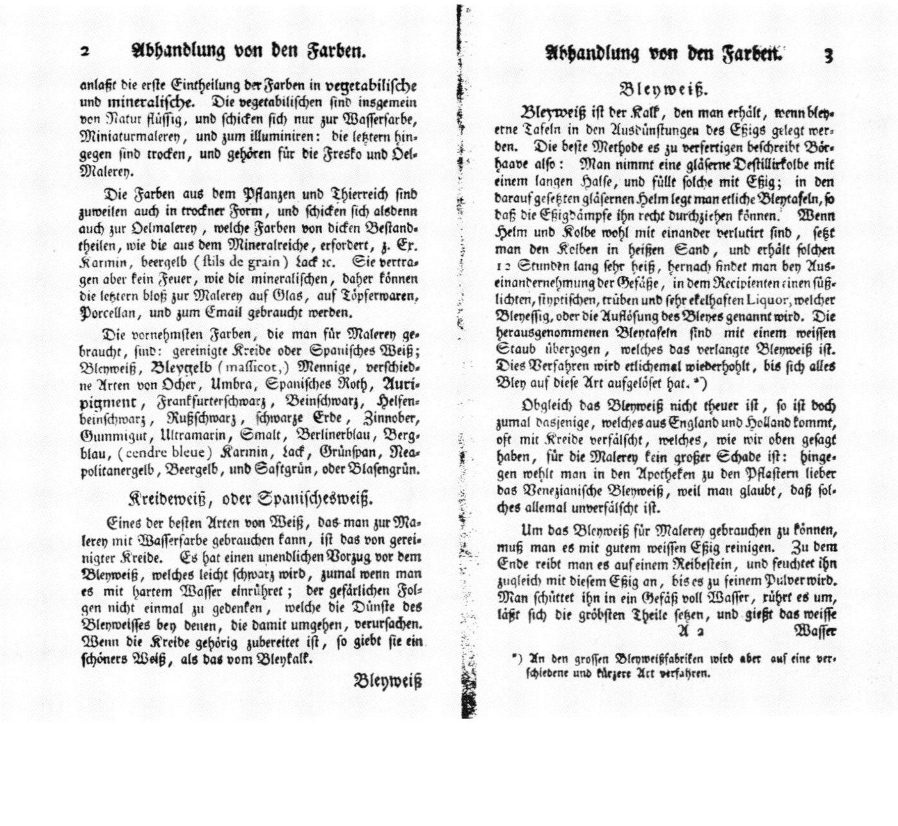

2 Abhandlung von den Farben.

anlaßt die erste Eintheilung der Farben in vegetabilische und mineralische. Die vegetabilischen sind insgemein von Natur flüssig, und schicken sich nur zur Wasserfarbe, Miniaturmalerey, und zum illuminiren: die letztern hingegen sind trocken, und gehören für die Fresko und Oel-Malerey.

Die Farben aus dem Pflanzen und Thierreich sind zuweilen auch in trockner Form, und schicken sich alsdenn auch zur Oelmalerey, welche Farben von dicken Bestandtheilen, wie die aus dem Mineralreiche, erfordert, z. Ex. Karmin, beergelb (stils de grain) Lack rc. Sie vertragen aber kein Feuer, wie die mineralischen, daher können die letztern bloß zur Malerey auf Glas, auf Töpferwaren, Porcellan, und zum Email gebraucht werden.

Die vornehmsten Farben, die man für Malerey gebraucht, sind: gereinigte Kreide oder Spanisches Weiß; Bleyweiß, Bleygelb (massicot,) Mennige, verschiedne Arten von Ocher, Umbra, Spanisches Roth, Auripigment, Frankfurterschwarz, Beinschwarz, Helfenbeinschwarz, Rußschwarz, schwarze Erde, Zinnober, Gummigut, Ultramarin, Smalt, Berlinerblau, Bergblau, (cendre bleue) Karmin, Lack, Grünspan, Neapolitanergelb, Beergelb, und Saftgrün, oder Blasengrün.

Kreideweiß, oder Spanischesweiß.

Eines der besten Arten von Weiß, das man zur Malerey mit Wasserfarbe gebrauchen kann, ist das von gereinigter Kreide. Es hat einen unendlichen Vorzug vor dem Bleyweiß, welches leicht schwarz wird, zumal wenn man es mit hartem Wasser einrühret; der gefärlichen Folgen nicht einmal zu gedenken, welche die Dünste des Bleyweisses bey denen, die damit umgehen, verursachen. Wenn die Kreide gehörig zubereitet ist, so giebt sie ein schöners Weiß, als das vom Bleykalk.

Bleyweiß

Abhandlung von den Farben. 3

Bleyweiß.

Bleyweiß ist der Kalk, den man erhält, wenn bleyerne Tafeln in den Ausdünstungen des Eßigs gelegt werden. Die beste Methode es zu verfertigen beschreibt Börhaave also: Man nimmt eine gläserne Destillirkolbe mit einem langen Halse, und füllt solche mit Eßig; in den darauf gesetzten gläsernen Helm legt man etliche Bleytafeln, so daß die Eßigdämpfe ihn recht durchziehen können. Wenn Helm und Kolbe wohl mit einander verlutirt sind, setzt man den Kolben in heißen Sand, und erhält solchen 12 Stunden lang sehr heiß, hernach findet man bey Auseinandernehmung der Gefäße, in dem Recipienten einen süßlichten, stiptischen, trüben und sehr ekelhaften Liquor, welcher Bleyessig, oder die Auflösung des Bleyes genannt wird. Die herausgenommenen Bleytafeln sind mit einem weissen Staub überzogen, welches das verlangte Bleyweiß ist. Dies Verfahren wird etlichemal wiederhohlt, bis sich alles Bley auf diese Art aufgelöset hat. *)

Obgleich das Bleyweiß nicht theuer ist, so ist doch zumal dasjenige, welches aus England und Holland kommt, oft mit Kreide verfälscht, welches, wie wir oben gesagt haben, für die Malerey kein großer Schade ist: hingegen wehlt man in den Apotheken zu den Pflastern lieber das Venezianische Bleyweiß, weil man glaubt, daß solches allemal unverfälscht ist.

Um das Bleyweiß für Malerey gebrauchen zu können, muß man es mit gutem weissen Eßig reinigen. Zu dem Ende reibt man es auf einem Reibestein, und feuchtet ihn zugleich mit diesem Eßig an, bis es zu feinem Pulver wird. Man schüttet ihn in ein Gefäß voll Wasser, rühret es um, läßt sich die gröbsten Theile setzen, und gießt das weisse

A 2 Wasser

*) An den grossen Bleyweißfabriken wird aber auf eine verschiedene und kürzere Art verfahren.

44

# Farbfassungen

*45 bis 53 Bei der Gestaltung von Begleitern, Ritzern und Bandelierungen schöpften die Maler einen großen Freiraum aus. Die Begleitstriche sind – auch innerhalb sonst annähernd gleich gefaßter Fachwerklandschaften – breit variiert. Die Fotos 45 bis 49 zeigen Beispiele aus Hessen mit Diagonalstrichen zur Ecke, sich überkreuzenden Ritzern, breiten Begleitstrichen und die Kombination von Begleitern und Ritzern.*

Im Gegensatz zur heute weitverbreiteten Meinung waren die farbigen Fachwerkgebäude nicht in einer rein konstruktiven Anordnung, die ihr Hauptziel in der kontrastreichen Gegenüberstellung tragender Holzteile und nichttragender Ausfachungen sieht, gefaßt, sondern als das ganze Haus umspannende Einheiten. Das Fachwerk wurde als »flächiges Ornament« gesehen. Dieses flächige Ornament erzielte man unter anderem durch optische Verbreiterung der Holzteile, farbig abgesetzte Begleitbänder und Ritzer, auf die Gefache aufgemalte Holzteile zur Wahrung von Symmetrie und Gleichläufigkeit und durch Aufmalung zusätzlicher Formen, wie Andreaskreuze. Für die Fassung war nicht die differenzierte Darstellung der verschiedenen Materialien wichtig, sondern der Gesamteindruck, im Zweifelsfalle von den konstruktiven Vorgaben abweichend.

H. Stelzer geht davon aus, daß die Farbgebungen des Fachwerks von den jeweils in einer Kunstepoche vorherrschenden Farben beeinflußt wurden. Als bevorzugte Farben wurden angesehen:

| | |
|---|---|
| Gotik: | gelb, grün, rot, |
| Renaissance: | schwarz-weiß, rot-weiß, gelb-weiß, |
| Barock: | dunkelrot, gelb, grün, |
| Klassizismus: | hellblau, lichter Ocker, seegrün, |
| Romantik: | rot, gelb, weiß, schwarz-grau. |

46

45

47

48

*Bild 50 zeigt Ritzer mit innen angeordneten Eckpunkten an einem Haus in Quedlinburg, Bild 51 Ritzer auf dem Holz bei einer Innenfassung in Bad Windsheim, die Zeichnung 52 die schematisierte Bandelierung des Rathauses in Besigheim und Foto 53 eine Innenfassung mit schablonierten Blüten.*

*54 Die Fachwerkfarbfassungen in Niederdeutschland, wie dieses Beispiel aus dem Emsland, zeigen große Zurückhaltung.*

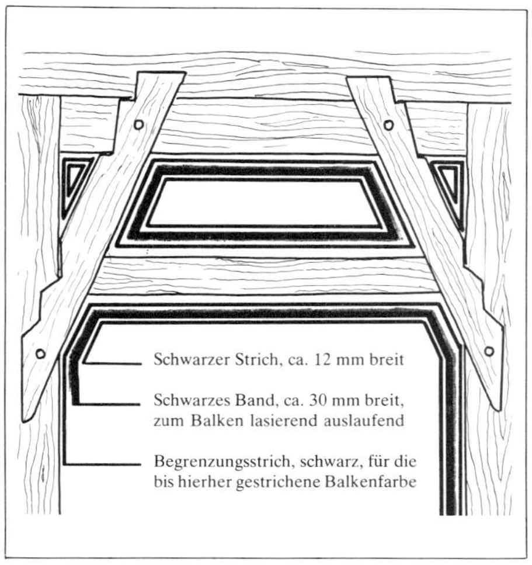


52

Stärker als für Massivbauten galt für Fachwerkbauten, daß die Farbgebung von den technischen Möglichkeiten, den gesellschaftlichen Verhältnissen und ästhetischen Leitbildern geprägt wurde.[33]
In Hessen und im Harz wurden besonders häufig Farbfassungen angetroffen, bei denen die Holzfarbe weit in das Gefach – bis zu 6 cm – hineingezogen wurde.[34] Dadurch konnte man auch krumm gewachsene Holzteile geradlinig darstellen, und insgesamt wurden die Hölzer verbreitert. Dazu kamen in vielen Fällen Begleiter von 30–80 mm Breite und/oder sogenannte Ritzer, in der Holzfarbe oder andersfarbig abgesetzt, von 5 bis 10 mm Breite und etwa 30 bis 40 mm Entfernung von der Beschneidungskante zur Holzfarbe oder der Beschneidungskante zum Begleitstrich. In den Ecken überkreuzten sich die Ritzer teilweise, die eingeschlossenen Ecken blieben dabei in der Gefachfarbe stehen oder wurden in der Farbe der Ritzer gefaßt.
Beim Haus »Zum Anker« in Frankfurt am Main-Höchst, 1481/82, waren unmittelbar an die oxidroten Holzkanten taubengraue Begleitbänder mit 30 bis 50 mm Breite angefügt, an denen zum Gefachinnern ein 8 mm breiter schwarzer Ritzer anschloß. Die von H. Wengerter in Nord-Württemberg untersuchten Gebäude zeigten zum Oxidrot der Hölzer schwarze Ritzer und Begleiter – derart gestaffelt, daß der Eindruck einer Profilierung entsteht. Beim Amtshof in Camberg, aus dem 17. Jh., sind die direkt an das Holz anschließenden Begleiter in der Form von Licht- und Schattenkanten in Rot und Schwarz ausgeführt.
Insgesamt läßt sich bei den Begleitern und Ritzern, über alle Fachwerklandschaften gesehen, wenig Übereinstimmung finden. Hier gab es wohl schon früher eine große Freiheit in der Gestaltung. Häufiger sind als Begleiterfarben entweder die gleiche Farbe wie auf dem Holz oder Schwarz und Mennige oder andere Rottöne anzutreffen. Bei einfacheren Häusern – in manchen Landschaften überhaupt – verzichtete man des öfteren auf die schmückenden Begleiter und Ritzer.

49

50

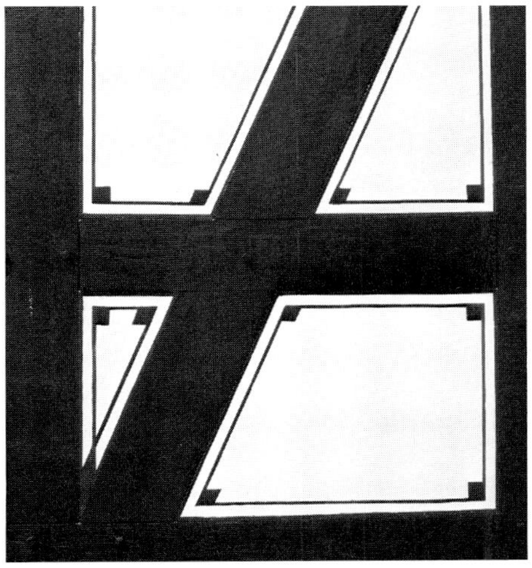

53

51

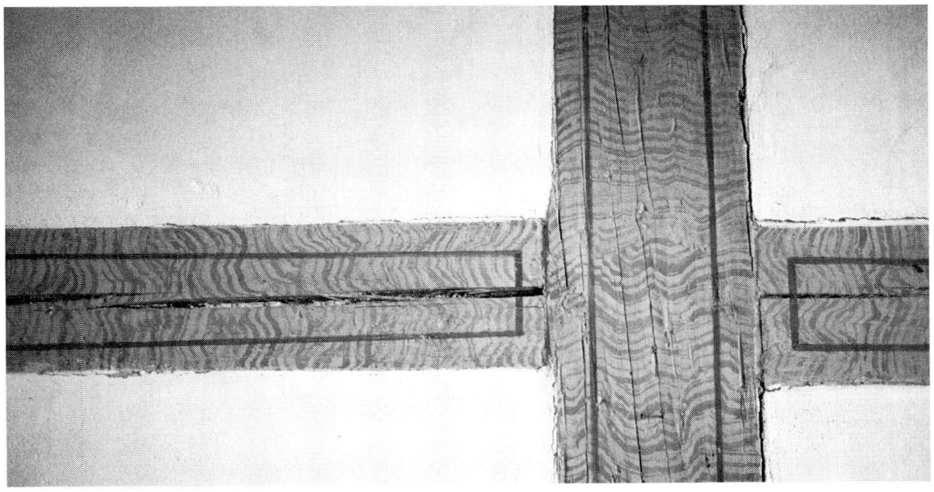

54

# Marmorierung und Quaderung

**Außergewöhnliche Fachwerkfarbfassungen**

Die Suche nach Originalbefunden wird nicht überall mit der gleichen Intensität betrieben, auch sind die Ergebnisse nicht immer befriedigend. So konnte H. G. Griep im Harz an einem Gebäude nur »geringe rote Flecken« entdecken, dafür fand er aber zum Beispiel für das Amtshaus in Clausthal noch die Originalrechnungen für die Farben. Für die Bemalung dieses Hauses wurden 1730: »786 Pfund Venedisch Bleiweiß, 22 Pfd. Ockergelb, 2 Pfd. Grünspan, 2 Pfd. Umbra, ½ Pfd. Englische Erde und 2½ Pfd. Roten Münnich.« geliefert.[35]

Im 15. und 16. Jh. waren die Ausfachungen weitgehend weiß, mit der Einschränkung, daß der Kalk Beimengungen enthielt, die leichte Tönungen hervorriefen. In Einzelfällen wurden die Gefache einfacher Gebäude auch in »Strohlehm« stehengelassen, das heißt, sie erhielten keinen schützenden und schmückenden Anstrich. Dem Regen ausgesetzte Lehmgefache werden jedoch schnell zerstört. Die Mode, Gefache stärker zu tönen, kam erst im 19. Jh. auf.

H. G. Griep vermutet im Harz schon im 16. Jh. Kalkschlämme mit Ockergelb, insbesondere, da das Ockergelb als Abfallprodukt des Bergbaus ausreichend und billig vorhanden war.

In Hessen kommen im 19. Jh. häufig kühles Dunkelrosa und lichtes Grün als Gefachfarben vor, daneben aber auch Grau- und Ockertöne und immer noch viel Weiß. Dort, wo die Hölzer mit Holzteer oder ähnlichem behandelt wurden, wie in Westfalen, sind die Gefache bis heute praktisch ausschließlich weiß geblieben.

Wo im alemannischen Bereich die Ausfachungen bei späteren Fassungen nicht mehr weiß gestrichen wurden, trifft man häufig auf Gelb- und Ockertöne, aber auch auf Grün und Rosa.

Die Befunde lassen erkennen, daß in einzelnen Orten in gleichen Epochen die Farben der Fachwerkhölzer oft nur wenig differierten, die Fassungen insgesamt meist ähnlich waren. Wahrscheinlich faßte man Fachwerke in ganzen Landschaften oft annähernd gleich.

Befunde bestätigen aber ebenso, daß schon immer einzelne, meist herausragende Fachwerke auch außergewöhnliche Anstriche erhielten. Vielfach ist bei besonderen Farbfassungen der Gedanke an Steinbauten nachvollziehbar, denn neben den stärker farbigen Fassungen von Schnitzereien fallen in erster Linie Marmorierungen und aufgemalte Quaderungen auf.

Die Kirche und der Adel errichteten im späten Mittelalter ihre Bauten meist schon in Stein. Dem wollten die Bürger nicht nachstehen. Natürlich konnten sie aus Fachwerk keine Steingebäude machen. Beziehungen zum massiven Steinbau wollte man aber herstellen oder doch die Wohlhabenheit durch reiche Farbfassungen nach außen dokumentieren.

Das Werner-Senger-Haus, Rütsche 5, in Limburg, ein Hallenhaus aus dem 13. oder 14. Jh., erhielt im 16. Jh. eine zwischen Massivwänden eingestellte Fachwerkfassade. Der Fachwerkanstrich in Form von Diamantquadern wurde nach Befunden von J. Weimer vor einigen Jahren renoviert. Alle Ständer, Streben und Riegel sind malerisch in Diamantquader aufgelöst, wobei das plastische Aussehen durch Licht- und Schattenkanten bewirkt wird. Die Schwellen sind marmoriert, und die Stockwerksgesimse tragen steile Schrägstreifen. Steingemäß setzt sich die gesamte Farbgebung aus hellen und dunklen graublauen Tönen zusammen.

Fast gleich ist der Befund am Haus Strackgasse 4, in Oberursel im Taunus aus dem Ende des 17. Jh. Bei dieser Fassung wurde nur im Schattenbereich mehr Schwarz verwendet.

Ein weiterer ähnlicher Befund wurde um 1920 am Haus »Schwarzer Stern«, Frankfurt am Main, Am Römerberg 12, entdeckt. Das Gebäude wurde um 1610 erbaut und im letzten Krieg zerstört, es ist mit der Römerbergostzeile 1982/83 rekonstruiert worden. Auch bei diesem Haus waren die Hölzer in Diamantquaderung mit Licht- und Schattenkanten gefaßt. Das Befundfoto ist schwarzweiß, deshalb ist die Farbigkeit nicht bekannt. Da bei diesem Renaissancegebäude auch das massive Sandsteinerdgeschoß reich diamantiert war, kann davon ausgegangen werden, daß es sich bei der Fachwerkfassung um die Originalfassung aus der Bauzeit handelt.

Noch weiter gingen die Maler bei dem Haus Lange Straße 54 in Hannoversch Münden. Hier wurde eine Renaissancezierfassade mit zahlreichen profilierten Fachwerkhölzern mit barocker Architekturmalerei überzogen. Diese Bemalung geht flächig über Hölzer und Ausfachungen hin-

55

56

*55 bis 59 Zu den außergewöhnlichen Fachwerkfassungen gehören Diamantierungen auf den Fachwerkstäben, wie am Werner-Senger-Haus in Limburg (Fotos 57 und 58), am Haus Strackgasse 4 in Oberursel (Fotos 55 und 56) und die Originalfassung des um 1610 erbauten »Schwarzen Sterns« am Frankfurter Römer (Foto 59).*

*60 und 61 Zu den ungewöhnlichen Farbfassungen auf Fachwerk gehört auch die Marmorierung auf der Fassade des Hauses Lange Straße 54 in Hannoversch Münden.*

weg. Ein Teil der Ständer ist als gedrehte Säulen dargestellt, Flächen und Gliederungen wurden durchgehend marmoriert. Die Farbtönung ist in der Grundhaltung umbragrünlich bis rotbraun.

Das Haus Barfüßerstraße 27 in Marburg, um 1600 erbaut, trug eine ornamentale Farbfassung auf den Fachwerkstäben, die ebenfalls eine Marmorierung darstellen sollte.

Zu einem ungewöhnlichen Fachwerkanstrich in Hornburg im Harz bemerkt H. G. Griep: »Im benachbarten Städtchen Hornburg wurde vor einigen Jahren eine solche farbige Fassade beim Abbruch eines jüngeren Anbaues in der Wasserstraße sichtbar. Der Anstrich mußte etwa aus der Zeit

58

59

57

60

61

*62 und 63 Im Kloster Hirschhorn am Neckar finden sich als Innenfachwerkfassungen sowohl vegetabile Ornamente als auch gegenständliche Darstellungen.*

*64 bis 66 Stipp- und Kratzputztechniken finden sich vereinzelt in vielen Fachwerklandschaften, massiert treten sie um Gladenbach auf. Die Technik war ursprünglich weniger zum Schmücken als zur besseren Haftung des Kalkputzes gedacht.*

62

63

um 1600 stammen. Die Holzschnitzereien der Fassade waren hier wie ein mittelalterliches Bildwerk behandelt. Auf einen weißen Kreidegrund hatte man leuchtende Temperafarben, zum Teil lasierend, aufgetragen. Die ganze Fassade wirkte ungewöhnlich farbig und hell. Die Haltbarkeit wird jedoch bei derartiger Behandlung nicht groß gewesen sein. Das freigelegte Haus hat unter dem Einfluß des Wetters innerhalb von drei Jahren seinen Farbüberzug fast völlig verloren.«[36]

Zu den Besonderheiten farbiger Fachwerkfassungen gehört auch die Fassung des Refektoriums im Karmeliterkloster Hirschhorn – ein Sichtfachwerk aus dem Jahre 1513. Die Fachwerkstäbe sind mit

64

65

66

*67 Spätbarocke Motive in Kratzputztechnik, praktisch eine Art Sgraffito.*

vegetativen Motiven und Häuptern an den Knotenpunkten besetzt, während auf den Ausfachungen großflächig pflanzliche Motive neben gegenständlichen Architektur- und Landschaftsmalereien zu finden sind. Die farbliche Grundstimmung ist auch hier Umbragrün bis Umbrabraun.

Neben dem Befund in Hirschhorn sind auch zum Beispiel beim Wengerter Haus in Hessigheim zwischen der roten Fassung der Fachwerkstäbe Tierfabeln, Weinsymbole und Schmuckornamente in Rot, Ocker und Schwarz gefunden worden. Im Vikarienbau in Groß Komberg weist die Fassung eines Raumes eine ähnliche Bemalung der Gefache auf.[37]

Bei den mit reichem Schnitzwerk versehenen Fachwerken niedersächsischer Stadthäuser kann davon ausgegangen werden, daß das Schnitzwerk farbig gefaßt war – allerdings nicht in der überschwenglichen Farbigkeit wie sie heute teilweise anzutreffen ist.

Als Beispiel für eine auf einen engen Landschaftsraum begrenzte Eigenart soll das weiße Sichtfachwerk in der Umgebung Stuttgarts dienen. Nur wenige Jahrzehnte, vom Ende des 18. Jh. bis etwa 1810, wurden hier die Verputze bis auf die Fachwerkstäbe gezogen, diese dabei aber nicht völlig überdeckt. Dann wurden der Verputz und die sichtbaren Flächen des Holzes einheitlich mit Kalkmilch überstrichen.[38]

Ein weiteres typisches Beispiel landschaftlicher Besonderheiten sind die mit Kratzputztechniken geschmückten Gefache von Fachwerkgebäuden in der Umgebung Biedenkopfs. Mit verschiedenen Kratz- und Stipptechniken, zum Beispiel zusammengebundenen Reiserbesen, werden großflächig Pflanzen- und weniger oft auch Tiermotive, Sinnsprüche usw. in den Gefachen aufgebracht.

Kratzputztechniken sind bis in das 13. Jh. nachweisbar. Die ältesten noch erhaltenen Kratzputze auf Fachwerkgefachen stammen aus dem Ende des 17. Jh. Bei der begrenzten Lebensdauer von Kalkputzen auf Lehm muß dies schon als außerordentlich hohes Alter angesehen werden.

Vermutlich war der Ursprung des Kratzputzschmucks eine technische Notwendigkeit. Wie schon ausgeführt, haftet der Kalkputz auf dem Lehmgefach nur mechanisch. Zur besseren Haftung mußten besondere Vorkehrungen getroffen werden: Entweder wurde der Lehm aufgerauht, oder es mußte versucht werden, durch Eindrücken des Kalkputzes in den nassen Lehm eine innige Verbindung herzustellen. Dies erreichte man durch Stippen oder Stoßen mit Reiserbesen und durch Stoßen mit verschieden gemusterten Holzstempeln. Mit dieser Technik ergab sich fast ein Zwang zu künstlerischer Gestaltung.

Ein großer Reichtum bäuerlicher Kunst wurde in Kratzputzen auf Fachwerkgefachen dargestellt. Neben Blumen- und vegetativen Ornamenten, Schriftfeldern und wenigen Menschen- und Tierdarstellungen tritt in unzähligen Variationen der aus einer Vase aufsprießende Lebensbaum auf. Aber auch Heilszeichen der Germanen, wie Sonnenrad, Spirale, Rosetten, Sterne und Herzen, kommen vor.

Meisterhaft sind die lockeren Handschriften und gekonnten Aufteilungen der Fachwerkfelder. In einigen Familien hat sich die Tradition des Kratzputzes bis heute vererbt. So führt zum Beispiel die Familie Donges in Holzhausen bei Gladenbach seit vielen Generationen bis heute Kratzputze auf Fachwerk aus. Um Marburg und Gladenbach liegt auch das Zentrum, in dem diese Technik zu Hause ist. In den umliegenden Kreisen ist aber ebenfalls eine Reihe von Beispielen zu finden.[39]

67

**Originalfarbbefunde aus verschiedenen Hauslandschaften**

Die Befunde wurden aus einer größeren Anzahl vorhandener Beispiele ausgewählt. Sie sollen keinesfalls als Muster dienen, sondern allenfalls einen Überblick über die vielfältigen historischen Fachwerkfarbfassungen geben.

**Oberdeutschland**

| Gebäude, Baudatum | Farbfassung der Fachwerkstäbe | Farbfassung der Gefache | Befund / Bemerkungen |
|---|---|---|---|
| Besigheim, Rathaus 1459 | »Ochsenblut«-rot (bis zu 5 cm über die Holzränder in die Gefache gestrichen) | weiß, hell, schwarze Begleiter und Bandelierungen | H. Wengerter (im Gebäudeinnern Balkenfassungen mit Ocker) |
| Esslingen, Kupfergasse 1 15. Jh. | »Ochsenblut«-rot | weiß, gebrochen, schwarze Bandelierungen | H. Wengerter |
| Besigheim, Haus Beer, Kirchstr. 24 um 1500 | rotbraun | | H. Wengerter |
| Zweitfassung | rotbraun | | |
| nach 1500 Drittfassung | dunkelgrau | weiß, gebrochen, Bandelierung in Licht- und Schattenwirkung, Lichtkanten Mennige, Schattenkanten schwarz | |
| Besigheim, Haus Saußele, Aiperturmstr. 5 1500–1550 | rotbraun (Balkenfarbe bis 5 cm ins Gefach gezogen) | weiß, schwarze und graue Bandelierungen | H. Wengerter |
| Plochingen, Rathaus um 1520 | »Ochsenblut«-rot | weißbeige, schwarze Begleiter | L. Bohring |
| Hilpoltstein, Jarsdorfer Haus 1523 | dunkelbraun | Ziegelmalerei (al-fresco) teilweise gelbocker, hell | Bayerisches Landesamt für Denkmalpflege |
| Bietigheim, Hornmoldhaus 1526 | »Ochsenblut«-rot | weiß, gebrochen, schwarze Begleiter und Ritzer | M. Malek |
| Weißenburg, Mittelfranken, Mesnerhaus 1580/81, Erstfassung | goldocker (Kaseintechnik) | weiß, gelblichgrau, gebrochen, englischroter Begleiter (Kalk) | H. Wiedl |
| Zweitfassung | rot, blaustichig, auf grauem Grund (Kaseintechnik) | rosa, kühl (Kalk) | |
| Drittfassung | englischrot (Kasein mit Standöl) | orange, blaß, auf weißem Grund (Kalk) | |
| letzte Fassung | braunrot, dunkel (Öl) | graugelb, hell (Kalk mit Binderfarben) | |
| Ulm, Dreikönigasse 8 16. Jh. | dunkelbraun | Ziegelmalerei | |
| Roth, Mittelfranken, Riffelmacherhaus 16. Jh., Erstfassung | goldocker, dunkel (Kaseintechnik) | weiß, gebrochen (Kalk) | H. Wiedl |
| 17. Jh., Zweitfassung | grün (Leimkasein?) | goldocker (Kalk) | |
| Drittfassung | »Ochsenblut«-rot (Leimkasein?) | weißbeige, grünlich (Kalk) | |
| Viertfassung | gelb, hell (Öl) | grau | |
| letzte Fassung | »Ochsenblut«-rot, blaß (Öl) | beigegrau, gelblich (Binder) | |

**Oberdeutschland** (Fortsetzung)

| Gebäude, Baudatum | Farbfassung der Fachwerkstäbe | Farbfassung der Gefache | Befund / Bemerkungen |
|---|---|---|---|
| Schorndorf, Palm'sche Apotheke<br>um 1650 | grau | | H. Wengerter |
| Süßen, Hauptstr. 42<br>17. Jh. | grau | weiß, schwarze Begleiter | |
| Besigheim, Haus Klingler, Kirchstr. 22<br>um 1600 | grau | | H. Wengerter |
| Heiligkreuztal, Kloster 13.–17. Jh.<br>Fachwerkinnenfassung 17. Jh. | rot | weiß, Begleiter und Ornamente | |
| Esslingen, Haus Kielmeyer<br>18. Jh. | »Ochsenblut«-rot | beige, hell, schwarze Begleiter | H. Wengerter |

**Mitteldeutschland**

| Gebäude, Baudatum | Farbfassung der Fachwerkstäbe | Farbfassung der Gefache | Befund / Bemerkungen |
|---|---|---|---|
| Marburg, Hirschberg 13<br>1321/1477 | | Kalkputz unbehandelt | Insgesamt wurden die Fachwerke Marburgs bis in das letzte Drittel des 16. Jh. schwarz gefaßt, um 1600 in Rot und ab dem 2. Drittel des 17. Jh. bis Anfang des 18. Jh. blaugrau. Die Stadt Marburg hat äußerst gründliche und systematische Untersuchungen der Fachwerkfarbfassungen durchführen lassen. (Siehe Lit.-Verz.) |
| Anfang 16. Jh., Zweitfassung | schwarz | weiß, gebrochen | |
| Ende 16. Jh., Drittfassung | rot | weiß, gebrochen, schwarze Begleiter | |
| 17. Jh., Viertfassung | blaugrau | weiß, gebrochen, schwarze Begleiter | |
| Alsfeld, Obergasse 11<br>um 1420 | schwarz | weiß, gebrochen, graue Begleiter, schwarze Ritzer | J. Weimer |
| Limburg, Fischmarkt 16/17<br>15. Jh. | schwarz | weiß, gebrochen, rote, graue und schwarze Bandelierungen | J. Weimer |
| Frankfurt-Höchst, Haus Zum Anker<br>Bolongarostr. 173<br>1481/82 | »Ochsenblut«-rot | weiß, gebrochen, hellgraue Begleiter, schwarze Ritzer | M. Gerner |
| Limburg, Nonnenmauer 7<br>1584 | »Ochsenblut«-rot, Schnitzwerk farbig gefaßt | weiß, gebrochen | J. Weimer |
| Marburg, Barfüsserstr. 20<br>1585, Erstfassung | rot | weiß, gebrochen, schwarze Begleiter | Arbeitsgruppe für Bauforschung und Dokumentation, Marburg |
| Marburg, Rübenstein 10<br>1600, Erstfassung | rot | weiß, gebrochen, schwarze Begleiter | Arbeitsgruppe für Bauforschung und Dokumentation, Marburg |
| Marburg, Hofstatt 23<br>1601, Erstfassung | rot | weiß, gebrochen, schwarze Begleiter | Arbeitsgruppe für Bauforschung und Dokumentation, Marburg |
| Camberg<br>16. Jh. | grünumbra | weiß, gebrochen, orangerote Begleiter | J. Weimer |
| Frankfurt/Main, Salzhaus<br>Am Römerberg<br>um 1595 | Der mit geschnitzten Holztafeln völlig ausgefüllte Giebel war in Rot, Weiß und Gold gefaßt | | |
| Marburg, Weidenhäuserstr. 16<br>1672, Erstfassung | blaugrau | weiß, gebrochen, schwarze Begleiter | Arbeitsgruppe für Bauforschung und Dokumentation, Marburg |
| Marburg, Reitgasse 6<br>1684, Erstfassung | blaugrau | weiß, gebrochen, schwarze Begleiter | Arbeitsgruppe für Bauforschung und Dokumentation, Marburg |
| Alsfeld, Neurath-Haus<br>1680 | grünumbra | beige, hell, orangerote Begleiter | J. Weimer |
| Marburg, Hahnengasse 5<br>1715, Erstfassung | blaugrau | weiß, gebrochen, schwarze Begleiter | Arbeitsgruppe für Bauforschung und Dokumentation, Marburg |

**Mitteldeutschland** (Fortsetzung)

| Gebäude, Baudatum | Farbfassung der Fachwerkstäbe | Farbfassung der Gefache | Befund / Bemerkungen |
|---|---|---|---|
| Grebenstein, Haxthausen'sches Haus 17. Jh. | grau, Schnitzwerk in Gold gefaßt | beige, hell, hellgraue Begleiter, schwarze Ritzer | |
| Fulda-Johannesberg, Propsteischloß 17. Jh., Fassung Innenräume | mittelgrau | ocker, kräftig, dunkelgraue Begleiter | K. H. Doll für Staatsbauamt Fulda |
| Limburg, Frankfurter Straße 17. Jh. | englischrot, geschweifte Teile, dunkelgrün, gebrochen | weiß, gebrochen, Begleiter in Licht- und Schattenwirkung, rot und grau | J. Weimer |
| Flieden, ehem. Amtshaus, Magdloserstr. 8 um 1700 | »Ochsenblut«-rot | weiß, gebrochen? | Landesamt für Denkmalpflege Hessen |
| Frankfurt-Niedererlenbach, Alt-Erlenbach 1728 | »Ochsenblut«-rot (bis etwa 5 cm in Gefache gestrichen) | weiß, gebrochen, schwarze Begleiter | M. Gerner |
| Frankfurt-Enkheim, Alt-Enkheim 18. Jh. | graublau | weiß, gebrochen, rote Ritzer | M. Gerner |
| Altweilnau, Vor der Stadtmauer 6 Anfang 19. Jh. | dunkelgrau auf dünnem Kalkputz | weiß, gebrochen? | Mikroskopische Pigmentuntersuchung J. Weimer |
| Emmershausen, Hauptstraße 19. Jh. | graublau | weiß, gebrochen, rote Ritzer | M. Gerner |

**Niederdeutschland**

| Gebäude, Baudatum | Farbfassung der Fachwerkstäbe | Farbfassung der Gefache | Befund / Bemerkungen |
|---|---|---|---|
| Hameln, Kupferschmiedestr. 13 2. Hälfte 16. Jh. | mittelgrau bis dunkelgrau | graubeige, hell | Institut für Denkmalpflege Niedersachsen |
| Hameln, Stiftsherrenhaus 1558 | dunkelgrau, Schnitzwerk farbig gefaßt | weiß, gebrochen | Analogfassung |
| Quedlinburg, Breite Straße 32, Hinterhaus 1562 | schwarz, bis 6 cm in das Gefach hineingestrichen | beige, hell, schwarze Begleiter | PKZ, Polen, und Institut für Denkmalpflege Halle, DDR |
| Hildesheim, Keßlerstr. 52 | rot | Ziegelausfachung, ornamentiert | Institut für Denkmalpflege Niedersachsen |
| Hameln, Thietorstr. 25 2. Hälfte 16. Jh. | mittelgrau | weiß, gebrochen | Institut für Denkmalpflege Niedersachsen |
| Quedlinburg, Hölle, Vorderhaus 16. Jh. | schwarz (Beinschwarz?), Fächerrosetten kräftiges Rot (Bleimennige in Öl) | weiß, gebrochen | PKZ, Polen, und Institut für Denkmalpflege Halle, DDR |
| Quedlinburg, Stieg 28, Hinterhaus 16. Jh. | schwarz | beige, hell, schwarze Begleiter | PKZ, Polen, und Institut für Denkmalpflege Halle, DDR |
| Hornburg, Wasserstraße um 1600 | weiß, gebrochen Schnitzwerk farbig abgesetzt | | H. G. Griep |
| Alfeld, Leine, Lateinschule 1610 | ocker | Ziegelausfachung, geschnitzte und vielfarbig gefaßte Brüstungsplatten | |
| Duderstadt, Marktstr. 84 1620 | rot | weiß mit ocker abgetönt | Institut für Denkmalpflege Niedersachsen |
| Hann. Münden, Langestr. 54 1685 | Barocke Architekturmalerei über Fachwerkhölzer und Ausfachungen in Marmorierungstechnik | | einziges bekanntes Beispiel dieser Art |
| Buxtehude, Abtstr. 6 Fassung 18. Jh. | steingrau, Schnitzwerk rot und blau abgesetzt | Ziegelausfachung | E. Brüggemann |
| Huttfleth, Altes Land jetzt Freilichtmuseum Stade 1733 | weiß | Ziegelausfachung, ornamentiert, helle Fugen | |

# Ältere Holzschutzmaßnahmen

68 *Mittelständer und Kopfbänder des Rathauses in Michelstadt aus dem Jahre 1484 zeigen, daß konstruktiv richtig eingebautes Holz auch nach vielen hundert Jahren noch einwandfrei intakt ist.*

Früher war man sich mehr denn heute des konstruktiven Holzschutzes bewußt, das heißt, man baute Holz zum Beispiel möglichst so ein, daß es nicht von dauernder Feuchte angegriffen oder Hirnholz von der Witterung direkt erreicht wurde. »Ein jeder Körper ist im Bauen an solche Oerter zu legen, woselbst ihm äusserliche Dinge am wenigsten schaden können. Man folge also der Erfahrung, und bediene sich in nassen und feuchten Oertern der Eichen, der Erlen, der Kiefer, der Lerche, und der Fichte; an trockenen Orten aber der Eichen der Tannen und der Fichten. Man vermeide aber Föhrenholz und Lerchenbaum an Oerter zu bringen, welche einem Feuer nahe sind. Die Menge ihres Harzes verursacht eine nicht geringe Gefahr.«[40]
Darüber hinaus betrieb man auch »chemischen Holzschutz« – spätestens seit dem Ende des Barock sind Rezepturen dazu zu finden. Die verschiedenen Verfahren und Mittel richteten sich zum einen gegen tierische und pflanzliche Schädlinge, zum anderen aber auch gegen Brandgefahren.
Gegen Fäulnis empfiehlt Suckow 1798: »Alles Holz hat zwei dem Bauen nachtheilige Eigenschaften: einmahl daß es oft zu leichte faulet; und dann, daß es im Feuer geschwinde zerstöret wird. Wirklich ist man beiden Nachtheilen einigermaaßen zu begegnen geschickt; und ich halte es wenigstens für nicht überflüßig, wenn ich bewährt befundene Versuche, meinen Lesern mittheile. Der Fäulnis des Holzes Hindernisse zu setzen, dient schon der Theer. Man überstreiche das Holzwerk, welches man fürs Faulen bewahren will, mit heißen Theer, und überreibe es mit feinem Sande. Man kann solches nach Beschaffenheit der Umstände mehrmahlen wiederhohlen.
Oerter, die keinen Mangel am Schwefelkiese haben, geben noch ein bequemeres Mittel zu diesem Zwecke. Man vermische nemlich gepulverten Schwefelkieß mit nassen Thon, und verfertige hiervon Kugeln. Sind sie trocken, so zünde man einige derselben auf den Fußboden eines Gewölbes an, in welchem vorher die Bretter, Balken u.d.gl. verschränkt gelegt worden, und erhalte dieses Holz einige Tage lang in fortdaurendem Dampfe.«[41]
Für eingegrabene Holzteile wird eine robustere Methode aufgezeichnet: »Kohlen faulen nicht. Deswegen wird man Pfähle und anderes Holzwerk, das in der Erde, und an feuchten Orten soll gebraucht werden, anbrennen, und demselben eine Kohlen-Rinde verschaffen können. Taucht man diesen Ort alsdenn in Theer, oder bestreicht die Kohlengegend damit hinlänglich; so ist dieses Holz der Fäulnis auf lange Zeit entzogen.«
Bei den Schutzmaßnahmen zur Verminderung der Entflammbarkeit spielt Vitriol, das auch an anderer Stelle in diesem Zusammenhang genannt wird, eine besondere Rolle: »Der leichten Anbrennung des Holzes einigermaaßen zu begegnen, dienen folgende Vorschriften: Man erhalte Bretter, Balken, Latten, Fensterrahmen u.d.gl. acht bis 14 Tage lang in einer Lauge von Kochsalz, Allaun und Vitriol, welche in eine dazu verfertigte Butte gegossen worden. Alsdenn trockne man diese Körper. Balken mit Vitriol-Wasser und ungelöschten Kalk überstrichen, dienen zu einem gleichen Zwecke. Ja ein Überzug von feinen geschlemmten Thon, mit Wasser, oder mit Allaun-Wasser in einen Brey verwandelt, ist ebenfalls von geprüfter Wirkung.«[42]
Noch 1935 werden im »Großen Koch« folgende Mittel und Methoden genannt:
»1. Durch Ankohlen des Holzes;
2. Durch Imprägnierung mit verschiedenen Metallsalzen, wie Kupfervitriol, Zinkvitriol, Quecksilberchlorid, ferner mit Kreosot usw.;
3. Durch Behandlung des Holzes mittels Auslaugens, Auskochens, wodurch die leichtzersetzlichen Zellenbestandteile beseitigt werden.«[43]

68

## Farbpuritanismus in der Gründerzeit

*69 In der Gründerzeit entwickelte man nicht nur einen nationalen Fachwerkstil, sondern beschränkte sich auch – unter Mißachtung der reizvollen historischen Farbigkeit – auf eine fast einheitliche Farbgebung in Braun.*

Die noch wenigen Befunde zeigen den Trend, im Fachwerkbau bestimmte Farben zwar konservativ lange zu halten, aber dennoch allgemein die Farbwechsel der Stilepochen aufzunehmen und einzuarbeiten. So erlebte das Fachwerk der Gründerzeit nicht nur eine nationale Komponente derart, daß alle landschaftlichen Eigenarten zu einem – eben nationalen – Stil verschmolzen wurden, sondern auch in puritanischem Denken, weil als Fachwerkfarbe weit verbreitet Braun – im Anklang an braunes Holz – verwendet wurde.
In Verbindung mit den meist sehr dünnen, gehobelten und stark gefasten Hölzern sowie den Ausfachungen aus gelben und roten Klinkern oder ockerfarbenen Putzen hatte das Fachwerk neben seinen konstruktiven Aufgaben in der Gründerzeit bereits ausgesprochen dekorative Funktionen zu erfüllen. Die feingegliederten Fachwerke waren dazu gedacht, an die großen Fachwerkepochen der Gotik und Renaissance anzuknüpfen. Sie konnten aber allein schon aus der Tatsache, daß beim gotischen Fachwerk und ebenso in der Renaissance und im Barock die tragenden, ausgesteiften Konstruktionen dominierten und der Zierrat eine rein schmückende Aufgabe hatte, das angestrebte Ziel nicht erreichen.
Aus der Literatur ist zu entnehmen, daß die lebhafte, stil- und landschaftsabhängige Farbigkeit früherer Epochen in der Gründerzeit nicht mehr bekannt war oder völlig überspielt wurde. Die weitgehend einheitliche Braunfärbung, von Umbratönen bis Dunkelbraun, die dann leider auch bis in die jüngsten Jahre beibehalten wurde, konnte, wie die Fachwerkkonstruktionen selbst, nicht an die reiche phantasievolle Farbigkeit und die verschiedenen Fassungen früherer Jahrhunderte heranreichen. Vielfach wurde für den Braunanstrich Ölfarbe verwendet, welche neben den bauphysikalischen Problemen auf dem gehobelten Holz glatte, glänzende und damit zwar perfekte, aber nicht fachwerktypische Oberflächen erzielte.

69

# Runen, Sinnbilder und Symbolik im Fachwerk

1

*1 (Seite 57) Neben Runen und Symbolen wurden auf das Fachwerk auch die verschiedensten gegenständlichen Darstellungen geschnitzt oder gemalt, wie die Bildnisse der Eigentümer oder der ausführenden Zimmermeister.*

*2 Die Reihung und dekorative Anordnung von Schmuckhölzern, welche aus Runenzeichen hervorgingen, in der Fassade der Liebig-Apotheke in Heppenheim, ist Beweis dafür, daß die Runen im Fachwerk des Barock ihren ursprünglichen Symbolgehalt schon vielfach verloren hatten.*

Neben den konstruktiven und stilistischen Merkmalen zeigen Fachwerke vielfältige Zeichen, Schreckensmasken, Sinnbilder, Marken, Symbole, Sinn- und Bibelsprüche. Die Riten um den Fachwerkbau reichen bis zu Bauopfern. Das Wissen um die geheimnisvolle Symbolik lag bei den Meistern, den »Wissenden«, teilweise war es weitverbreitetes Volksgut. Viele Zeichen, Symbole und Riten gehen eindeutig auf heidnische Gebräuche und Traditionen zurück. Im Mittelalter wurden die auf vorchristliche Gebräuche zurückgehenden Riten und Symbole von der Kirche als Hexerei eingestuft und erfolgreich unterdrückt. Während der Christianisierung der Sachsen im 8. Jh. zum Beispiel wurde demjenigen Todesstrafe angedroht, »der Zeichen in die Balken seiner Häuser schneidet, durch die Dämonen vertrieben werden sollten«.[44]

Das Wissen lebte jedoch weiter, kam versteckt zum Ausdruck und wurde von Generation zu Generation vererbt. Es ging den Runen wie den Weihnachts- und Osterriten sowie ähnlichen Volksgebräuchen: In der Gotik waren sie praktisch verboten. Mit Beginn der Renaissance nahm die Macht der Kirche ab, die Gedanken arisch-germanischen Naturglaubens lebten noch einmal auf, und mit dem steigenden Trend, im Fachwerk mehr als nur eine konstruktive Aussage zu machen, lebte auch hier die heidnische Symbolik wieder auf. In dem mehr an Traditionen gebundenen Fachwerkbau zeigte man offen oder versteckt Runen als Heilszeichen oder Masken zur Dämonenabwehr, und man begann, das jeweils gültige Weltbild in umfangreichen Bildprogrammen in das Fachwerk einzuschnitzen.

Schon im Barock wurde die endlose Reihung der symbolträchtigen Zeichen oft zu Schmuck abgewertet. Mit dem gleichzeitigen Drang, Frömmigkeit auch nach außen und dauerhaft zu dokumentieren, zitierten die Fachwerkschnitzer Bibelsprüche auf den Holzteilen. Die Meister trugen das Wissen um die Symbolformen weiter, die Inhalte gingen mehr und mehr verloren. Daß die Formen kein Zufall waren, ist an der oft in geteilter Form verwendeten »Gibor-Rune« leicht zu dokumentieren.

*2*

*3 Der Giebel des Rathauses von Staffelstein in Franken ist netzartig mit Schmuckhölzern überzogen. Auch bei diesem Schmuck handelt es sich durchweg um ehemalige Runenzeichen, welche dekorativ verwendet wurden.*

Mit dem Aufleben des national geprägten »Blut-und-Boden-Denkens« erinnerten sich die Forscher des Germanentums noch einmal der Runen und arischen Symbolsprache. Zahlreiche Arbeiten zu diesem Thema stammen aus der Zeit bis 1940. Im Dritten Reich kam ein indoarisches Heilszeichen, das Hakenkreuz, zu »besonderen Ehren« und brachte nach dem Krieg alle Runen und Heilszeichen so in Verruf, daß nicht nur wenig darüber gesprochen, sondern in kaum einer forschenden Arbeit auf diese Phänomene eingegangen wurde. Das Wissen, auch um die Formen, verlor sich vollends, fast alle Zeichen wurden als Schmuck eingestuft, vielfach gingen sie im Fachwerk unter oder wurden überspachtelt und übermalt.

Zwei Arten von Zeichen werden hier nicht behandelt. Zum einen sind dies die Bundzeichen der Zimmerleute.[45] Diese Zeichen wurden nach dem Anlegen und Abbinden der Fachwerkstäbe auf dem Reißboden auf jedem einzelnen Holzstück angebracht, um die Hölzer nach dem Transport zur Baustelle sofort leicht sortieren und am richtigen Ort einbauen zu können. Die Bundzeichen sind immer auf der »bündigen« Seite aufgezeichnet, da die von Hand behauenen Hölzer nicht gleichmäßig breit waren. Bei den Gebäudeumfassungswänden finden wir die Bundzeichen außen, bei den Innenwänden auf der Seite, auf die man beim Eintreten stößt. Die Grundformen der Bundzeichen mit »Geraden«, »Ruten« und »Ausstichen« fußen meist auf römischen Zahlen, aber auch andere Ursprünge sind bekannt.

Die zweite Art von Zeichen sind Hausmarken, die in einer eigenen Zeichensprache Hinweise auf den Stand oder Beruf des Eigentümers oder auf das Haus geben. Sie kommen im Fachwerk seltener vor. Eine Art Signierung, wie sie die Steinmetzen in Form von Steinmetzzeichen ausführten, benutzten die Zimmerleute nicht.

3

*4 bis 7 Inschriften, Symbole und Schmuck treten in den vielfältigsten Formen gemischt auf. Oft fällt es schwer, den Symbolgehalt herauszulesen.*
*Das Foto 4 zeigt »Sig«-Runen -kombiniert mit einer Maske- zur Abwehr von Unheil am Eckständer eines Fachwerks in Braunfels; auf dem Foto 5 dominieren Schiffstaumotive und Rosetten an einem niederdeutschen Haus; das Detail von der Lateinschule in Alfeld auf Foto 6 zeigt einen Ausschnitt aus dem Bildprogramm.*

4

5

6

7 Die lateinische Hausinschrift ist kombiniert mit allegorischen Motiven.

8 Am reich geschmückten Erker des Amtshofes in Camberg wird die kunstvolle Kombination von Schmuck und Symbolen besonders deutlich.

7

8

*9 Das Anbringen von Dämonen und Schrekkensmasken – weil sie die Zunge herausstrekken, im Volksmund »Breischlecker« genannt –, wie hier auf den Knaggen eines Hauses in Braunfels, war bewährtes Mittel zum Schutz gegen böse Mächte.*

*10 Neben Bibelzitaten sind auch die Darstellungen biblischer Szenen beliebte Motive auf dem Fachwerk, wie der »Sündenfall« auf diesem Eckständer eines hessischen Hauses.*

9

10

11 Barockes Haus in Staffelstein mit geschnitzter Marienfigur.

12 Bibelzitate und Volksweisheiten malte oder schnitzte man bis in die Mitte unseres Jahrhunderts auf Fachwerkgebäude.

13 Am Erker dieses Hauses in Friedberg aus dem späten Barock ist ein Bischof als Stifter dargestellt.

11

12

13

*14 bis 16 Das Eickesche Haus, Marktstr. 13, in Einbeck, nach 1610 errichtet, gehört zu den am prächtigsten mit Schnitzwerk geschmückten Fachwerkhäusern. Die Schwellen ziert ein kräftiger Laubstab, auf den Brüstungsplatten sind auf den Fotos unter anderem Christus und Evangelisten zu sehen, und eine Zahnleiste begrenzt die Bildtafeln zu den Fenstern. Insgesamt trägt das Fachwerk ein sehr umfangreiches Bildprogramm in gegenständlichen und allegorischen Darstellungen.*

14

15

16

# Runen

17 Andreaskreuze, sogenannte Malkreuze, als Zeichen für Mehrung und Feuerböcke als Zeichen für das göttliche Feuer und den Feuerschutz.

18 Rauten symbolisieren alleinstehend Fruchtbarkeit und kombiniert mit Andreaskreuzen als »Mal-ing«-Zeichen Fruchtbarkeit und Mehrung.

19 Auf diesem Giebel sind die »Mal-ing«-Zeichen geschoßhoch eingebaut – mächtige Zeichen für Fruchtbarkeit und Mehrung.

Die Runen sind nicht, wie vielfach gern geglaubt, eine rein germanische Erfindung, vielmehr hat sich in der Wissenschaft die Ansicht durchgesetzt, daß die Germanen das Runenalphabet im 1. Jahrhundert v. Chr. von Etruskern und Römern übernahmen. Danach wurde erst die arische Heilssymbolik mit den Runen verknüpft. Das älteste Runenalphabet hatte 24 Zeichen, um 800 wurde daraus in Dänemark ein Alphabet mit 16 Zeichen entwikkelt. Zuerst in England und später allgemein wurden bis weit über 30 Zeichen gebraucht. Nach den Buchstaben der ersten Zeichen wird das Runenalphabet auch Futhark genannt. Runen werden als Sprache Wodans angesehen. Das Wort Runen leitet sich vom »Raunen«, dem Verkünden von Geheimem und Vertrautem ab.

Die Runen kommen in mindestens dreierlei Bedeutung vor. Einmal in Form eines Alphabets mit je einer Buchstabenbedeutung für jede Rune. Gleichzeitig besitzen die Runen aber auch Silben- und Wortbedeutungen, daraus leitet sich die dritte Gruppe ab, bei der eine Reihe von besonderen Silben- oder Wortbedeutungen als Heils- und Glückszeichen angesehen wird. Die Runenzeichen werden dabei teilweise verschieden ausgelegt.

Die letztgenannte Gruppe ist bei der Untersuchung von Fachwerken interessant, da Runen in Form von Buchstaben oder Silben auf Fachwerk nicht bekannt sind. Auch das sogenannte Runenhaus in Goslar, Gosestr. 6, erbaut 1551, weist auf der Schwelle des ersten Obergeschosses keine Runen auf, sondern nur Handwerkermarken.

Die Kunstgeschichte hat sich bis in die jüngste Zeit dagegen gewehrt anzuerkennen, daß eine Reihe von Fachwerkfiguren und -formen Runen als Ursprung hat. Runen als Basis von Fachwerkformen, die weder konstruktiv noch schmückend wirken, oder auch als geschnitzte Zeichen auf den Fachwerkhölzern, sind so eindeutig zu belegen, daß kein Zweifel mehr an Runen in und auf dem Fachwerk besteht. Ein Beweisstück ist die bereits genannte »Gibor-Rune«, die asymmetrisch aus einer Schräge gekreuzt mit einer S-Form besteht. Für die Zimmermeister gibt es keinen anderen Grund, ebenfalls asymmetrisch und oft auseinandergezogen, auf der einen Seite eine gerade Kurzstrebe, auf der anderen eine in S-Form geschweifte Kurzstrebe anzuordnen, außer den, die genannte Rune darzustellen. Ein stärkerer Beleg sind die zahlreichen geschnitzten Sonnenräder, Drudenfüße, Hakenkreuze und Rauten auf dem Fachwerk.

Wie aus den Belegbeispielen ersichtlich, erscheinen die Runen im Fachwerk einmal in der Holzkonstruktion, und zwar sowohl in der ausgewählten Anordnung von Ständern, Fuß- und Kopfbändern, Riegeln und Streben als auch in den schmückenden und aussteifenden Andreaskreuzen, Rauten, Feuerböcken, doppelten oder durchkreuzten Andreaskreuzen und Mannformen. Daneben wurden mehr oder weniger deutlich Runen auf die Fachwerkhölzer geschnitzt. Hier kommt sehr häufig die Fächerrosette, aber auch oft versteckt oder in der gängigen kantigen Form das Hakenkreuz vor.

Die Runen hatten eindeutige Funktionen. Sie dienten als Heils-, Bitt- und Glückszeichen für die Fruchtbarkeit von Feldfrüchten, Tieren und Menschen, für Wohlstand und Erhalt des festen Familienbesitzes. Mit diesen Funktionen wurden die Runen bevorzugt im Bereich der Haustür oder der Wand, in der die Haustür steht, im Giebel oder an den vier Eckständern angebracht. Runen wurden vom Zimmermeister nicht ohne ausdrücklichen Auftrag »mitgeliefert«, sondern vom Meister mit dem Eigentümer genau abgesprochen, das heißt, der Eigentümer erhielt die von ihm bevorzugten Schutz- und Heilszeichen.

Runen kommen häufiger als sogenannte Gebälkverrunung im Fachwerk vor, dabei haben die Zimmermeister die Runen in Form von Fachwerkfiguren ausgeführt.

Das Andreaskreuz ist das am häufigsten gebrauchte Runenzeichen. Ursprünglich hieß es das »Andere« Kreuz; dieser Name wurde von der Kirche in Andreaskreuz umgewandelt. Bekanntere Namen für dieses Kreuz sind »Schragen« und »Malkreuz«; als solches wird es bis heute auch in der Mathematik verwendet, wo es im

17

18

19

*20 Das neben- oder übereinandergestellte Andreaskreuz ist ein weiteres Fruchtbarkeitszeichen.*

*21 Zwei Rauten am »Frankfurter« Rathaus in Niederursel aus dem Jahre 1716 zeigen die ursprünglich sparsamere Verwendung der Zeichen.*

*22 Der Storch in der Raute bekräftigt das Symbol für Fruchtbarkeit.*

*23 und 24 Die Felder über den Fußgängerpforten in mittelhessischen Hoftoranlagen sind vielfach mit Runenzeichen gefüllt.*

20

21

22

23
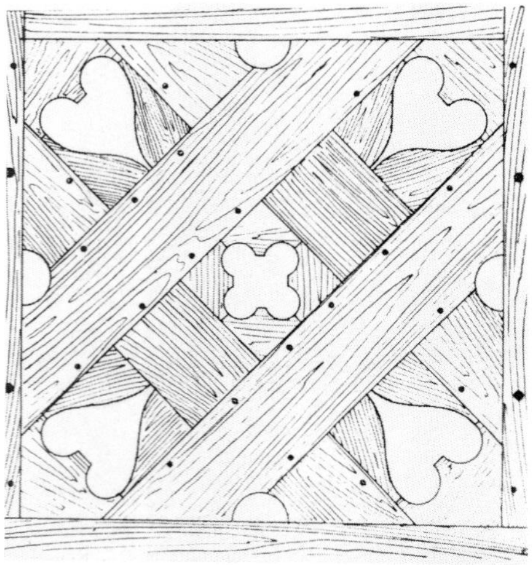

24
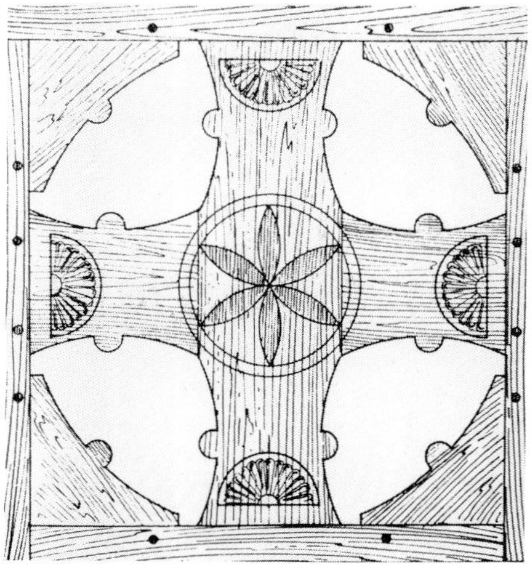

übrigen auch seine ursprüngliche Bedeutung behalten hat. Das »Andere« Kreuz, das Malkreuz, ist die Rune mit der Bedeutung »Gabe, die den Besitz vermehrt«. Allgemein wird der Wunsch, der in der Bedeutung des Andreaskreuzes liegt, mit »Mehrung« angesehen.

Ähnlich häufig kommt die Raute vor. Sie wird zum einen als Symbol für die Fruchtbarkeit auf dem Felde, aber auch als Wunschsymbol für die Fruchtbarkeit von Menschen und Tieren angesehen, zum anderen als der obere Teil der »Odal«- oder »Odil«-Rune. Diese Rune gehört zu den ältesten Runen überhaupt, und der mit ihr verbundene Begriff bedeutet streng umrissen das persönliche Sein, öfter und allgemeiner aber Bodenständigkeit, Seßhaftigkeit, Besitz, und zwar im Sinne des »umhegten Stück Landes«. Im Fachwerk ist mit der Bedeutung der Raute der Wunsch nach Erhalt und Vermehrung des Besitzes, des Hofes, verbunden und reicht bis zu dem Begriff »Vaterland«. Als Silbe bedeutet die »Odal«-Rune »-ing«.

Gleiche Bedeutung bezüglich der Fruchtbarkeit hat eine zweite Form der »-ing«-Rune. Diese Rune besteht aus zwei neben- oder übereinandergesetzten Andreaskreuzen oder zwei gegeneinandergesetzten Winkeln. Der Wunsch nach Fruchtbarkeit wird bereits in der Runenform verdeutlicht, da aus zwei Einzelformen eine neue Form entstanden ist.

Ebensohäufig findet sich im Fachwerk die mit einem Andreaskreuz durchkreuzte Raute. Dabei handelt es sich um die Verbindung zweier Runen, der »Mal«- und »-ing«-Rune, weshalb das Zeichen auch als »Mal-ing«-Zeichen bekannt ist. Die einfache Übersetzung bedeutet Fruchtbarkeit und Mehrung. In diesem Zeichen im Fachwerk steckt der Wunsch, Ererbtes weiter zu pflegen und zu mehren.

In der Renaissance und im Barock ist das geschweifte Andreaskreuz zu finden. Im Volksmund heißt diese Fachwerkfigur »Feuerbock« oder »Feuerböckchen« und weist damit auf ihren Ursprung hin. In der Runensymbolik ist dieses Zeichen der Fyrbok und vergegenwärtigt die »göttliche Kraft des Feuers«. Im Fachwerk symbolisiert der Fyrbok die Kraft des Feuers, es

*25 Die wichtigsten Runensymbole als Gebälkverrunung oder geschnitzt im Zwerchhausgiebel des Saalhofes in Frankfurt am Main aus dem Jahre 1605, im Jahr 1944 zerstört.*

*26 und 27 Fachwerkfiguren aus Runen, die sich mehr und mehr zu Schmuck umformen.*

25

26

27

**Heils- und Runenzeichen**

| Zeichen | Name/Rune | Bedeutung | Bemerkung |
|---|---|---|---|
| ᚷ | Andreaskreuz<br>Anderes Kreuz<br>Schragen<br>Malkreuz | Mehrung (Multiplikation) als Rune: Gabe, die den Besitz vermehrt | die Bedeutung des Zeichens geht auch aus dem »Malnehmen«, dem Zeichen für die Multiplikation hervor |
| ◇ ᛟ | Raute<br>»Odil«-Rune | Fruchtbarkeit für Menschen, Tiere und Feldfrüchte. Der engere Begriff für die »Odil«-Rune umreißt das »persönliche Sein«, allgemeiner gedeutet: Bodenständigkeit, Seßhaftigkeit, Besitz | wie das Andreaskreuz war die Raute bis in unser Jahrhundert den wissenden Zimmermeistern als geheimnisvolles Glückszeichen bekannt |
| ᛝ | »Ing«-Rune | Fruchtbarkeit | die »Ing«-Rune in dieser Form ist eine veränderte »Odil«-Rune, die ebenfalls die Silbenbedeutung »-ing« hat |
| ᛝ ⊗ | »Mal-ing«-Zeichen | Fruchtbarkeit und Mehrung, der Wunsch, Ererbtes weiter zu pflegen und zu mehren | Verbindung der Runenzeichen »Mal« und »Ing« |
| ᛉ | Feuerbock<br>Fyrboc | die göttliche Kraft des Feuers und gleichzeitig Schutz vor Feuer | |
| ᚷ | »Gibor«-Rune | (Göttliches) Geben | |
| ♡ | Herz | das Zeichen für Freia (Frigga), allgemein Symbol für Liebe | |
| ᚴ | »K«-Rune | Wache über Nachkommenschaft und Geschlechterfolge, Schutz vor Krankheit | |
| ᛡ | »Hagal«-Rune<br>»Yr« – »Man« | gesicherte Innerlichkeit des Heimes (Hofes), als Verbindung der Runen »Yr« und »Man«: Armanentum | bei dieser Rune ist die Deutung noch mehr als bei anderen umstritten |
| ᛘ | »Man«-Rune | Vermehrung<br>»der Ackerkrume Vermehrer« Mann; Mensch | |

Fortsetzung auf Seite 69

*28 Herzen, Sechsstern, Hakenkreuz und Schuppung über kleinen Hoftoren.*

*29 und 30 Herzfiguren an Fachwerkhäusern in Lauterbach und Plochingen.*

28

soll aber selbstverständlich mit dieser Rune auch gebannt werden. Unter Feuerkatastrophen hatten Fachwerkhäuser, -dörfer und -städte immer wieder zu leiden – vor Feuer mußte man sich durch Vorsicht und durch Heilszeichen besonders schützen.

Manchmal nur schwer zu finden ist die »Gibor«-Rune im Fachwerk. In ihrer richtigen Darstellung besteht sie aus einem Andreaskreuz, dessen von links nach rechts gehender Stab (von unten gesehen) gerade ist, der von rechts nach links gehende ist geschweift. In dieser Form kommt die Rune selten im Fachwerk vor. Öfter wird sie in der Form dargestellt, daß das gerade Holz links am Giebel als Kurzstrebe eingebaut ist und das geschweifte Stück asymmetrisch dazu rechts im Giebel. In anderen Fällen wird sie als Andreaskreuz vereinfacht. Der Sinngehalt der »Gibor«-Rune ist das »göttliche Geben«, die Himmelsgabe.

In einigen Gegenden, so in Nordhessen, kommt oft die Herzform als Fachwerkfigur vor. Das Herz ist das Zeichen Freias (Friggas), der Gattin Wodans, im Volksmund als Frau Holle bekannt.

29

30

Häufig eingebaut, aber weniger leicht lesbar finden sich folgende Zeichen:

- die »K«-Rune, welche die Wache über die Nachkommenschaft, die Geschlechterfolge, symbolisch zu versehen hat,
- die »Hagal«-Rune, die für die »gesicherte Innerlichkeit des Heimes« (Hofes) zu sorgen hat,
- die »Man«-Rune, als weiteres Zeichen für Vermehrung, »der Ackerkrume Vermehrer«,
- die »Bar«-Rune, die das Aufsteigende von der Geburt an im Leben symbolisiert,
- die »Balk«-Rune, die den fallenden Lebensabschnitt bis zum Tod darstellt
- und die Runen für die Silben »Eh« und »Not«.

Andere Runen kommen in erster Linie geschnitzt auf den Fachwerkstäben vor. An erster Stelle ist hier die Fächerrosette zu nennen, die hauptsächlich in Niederdeutschland im Brüstungsbereich zuerst einzeln und dann gereiht in die Fachwerkhölzer eingeschnitten wurde. Das allgemein als Fächerrosette bezeichnete Zeichen ist das Zeichen der Sonne oder des Rades und Sonnenwagens, das wiederum für den Lauf der Sonne steht. Im Umkreis dieses Symbols ist auch die Spirale zu nennen, die den Lauf der Sonne und den Wechsel der Jahreszeiten symbolisiert. Den lichtanbetenden Ariern waren diese Zeichen besonders heilig. Feuerschutz und Feuersegen, ebenso wie der Blitzschutz, waren in der Wunschsymbolik dieser Runen enthalten. Erscheint die Sonne nicht als Fächerrosette, so kommt sie oft als runde Scheibe oder Strahlenrund in kleinerer Form mit anderen Symbolen vor.

Die Schuppung auf geschnitzten Eckständern war ein weiterer Schutz gegen den Blitzschlag.

Der Fünfeckstern, mehr als Pentagramm oder Drudenfuß bekannt, wird meist wie die runde Sonnenscheibe nur in Größen zwischen 10 und 25 cm auf das Fachwerk geschnitzt. Dieses Symbol kommt selten vor. Der Drudenfuß gilt als Femezeichen und Schutzmittel gegen Böses aller Art und in jeder Form. Die meist versteckte Anordnung innerhalb der Komposition

**Heils- und Runenzeichen** (Fortsetzung von Seite 67)

| | | | |
|---|---|---|---|
| / | »Bar«-Rune | das Aufsteigende von der Geburt an im Leben | |
| \ | »Balk«-Rune | das Fallende im Lebensabschnitt bis zum Tod | |
|  | »Eh«-Rune | Ehe (als Grundlage des Volkes) Gesetz | |
|  | »Not«-Rune | »Zwang des Schicksals« | |
|  | Fächerrosette Sonne / Rad | Rad und Sonnenwagen, Lauf der Sonne Feuerschutz und Feuersegen | besonders im Norden Deutschlands verehrtes Symbol |
|  | Spirale | Lauf der Sonne, Wechsel der Jahreszeiten Feuerschutz und Feuersegen, Blitzschutz | |
|  | Schuppung | Schutz gegen Blitzschlag | meist auf Eckständern geschnitzt oder gemalt |
|  | Fünfeckstern Fünfstern Pentagramm Drudenfuß | Femezeichen Schutzmittel gegen Böses aller Art und in jeder Form | gleiche Bedeutung haben der Sechsstern und der Siebenstern |
| 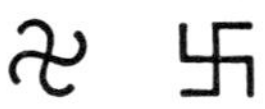 | Hakenkreuz Heidenkreuz Fyrfos | Heils- und Segenszeichen mit ähnlichem Symbolgehalt wie Rad und Sonne | |
|  | »Sig«-Rune »S«-Rune | Sieg, Heil und Segen, aber auch Fruchtbarkeit | |
|  | »Yr«-Rune | Verwirrung schaffen, aber auch »Reichtum« | |
| + | Burkreuz Armanenkreuz | Lichtsinnbild, Heilszeichen, einfache Mehrung | hat seine Bedeutung bis heute als Additionszeichen behalten |

31 und 32 Neben der Anordnung von Runensymbolen als »Gebälkverrunung« wurden Runenzeichen in das Fachwerk geschnitzt. Im Niederdeutschen Fachwerk ist die Fächerrosette das am häufigsten vorkommende Motiv. Auf der Zeichnung 31 sind die grundsätzlichen Typen und einige Varianten dargestellt, das Foto 32 zeigt verschiedene Rosetten an einem Gebäude am Markt in Goslar.

33 Abwicklung und Foto eines Eckständers am Dalberghaus in Frankfurt/M.-Höchst aus dem Jahre 1586 zeigen Herzformen, Schuppung und S-Runen.

34 Auf dem verkleideten Fachwerk eines Hauses in Quedlinburg sind die Rosetten sowie eine Raute als Muster in die Schieferdeckung eingearbeitet.

31

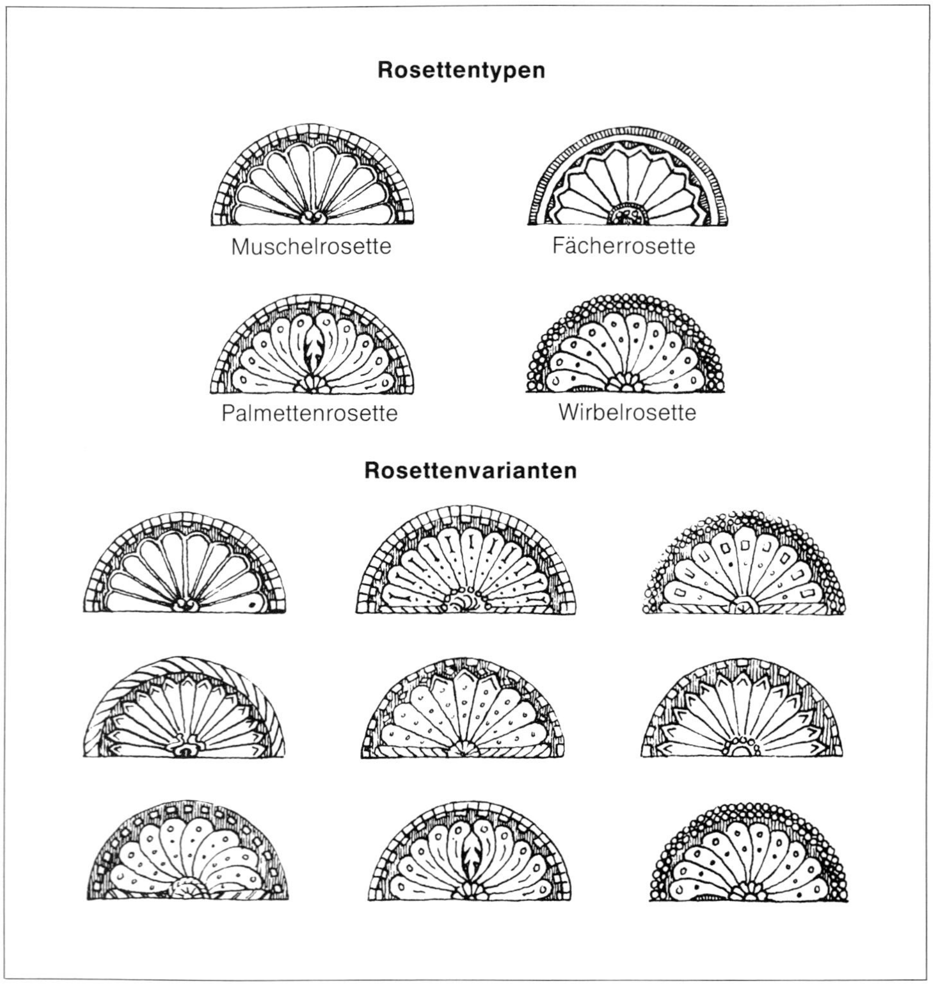


33

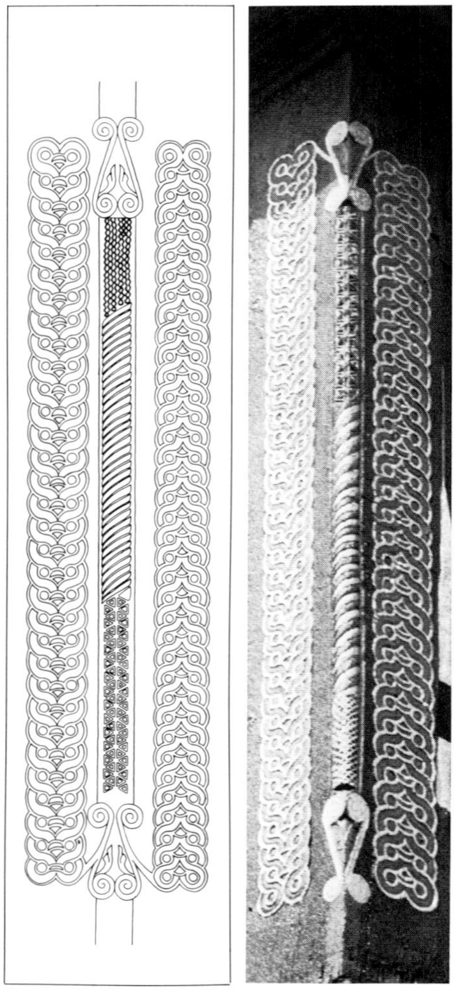

32

34

*35 und 36 Das früher noch häufiger auf Fachwerk vorkommende Hakenkreuz wurde vielfach ausgemerzt.*

*37 Reich mit Symbolen geschmückter Giebel eines Moselhauses.*

*38 Fein geschnitzte und farbig gefaßte Darstellung von Sonne und Mond mit dazwischenliegender Schuppung in einem Fachwerk in Butzbach.*

35

36

anderer Symbole oder auch gegenständlicher Motive zeigt etwas von dem Geheimnisvollen, das gerade diesem Zeichen innewohnte. Eine praktisch gleiche Bedeutung haben sechseckige Sterne.
Eines der ältesten germanischen Heilszeichen war das Hakenkreuz, früher wegen seines Ursprungs in vorchristlicher Zeit auch Heidenkreuz genannt. Das Zeichen wurde zunächst in weichen S-Formen als ein Symbol des sich drehenden Rades, das heißt des Sonnenrades, entwickelt und symbolisierte die Gottheit schlechthin – die göttliche Schaffensmacht. Weiter steht es als »Sinnbild für die Entstehung der Welt aus dem Urfeuer.«[46]
Im Fachwerk wie in der Volkskunst überhaupt wird das Hakenkreuz, in der Runensprache Fyrfos, als allgemeines Segenszeichen, ähnlich wie andere Symbole für das Rad und die Sonne, angesehen. Das Zeichen ist im gesamten Raum indoarischer Siedlungen – also bis weit nach Indien hinein, wo es unter anderem auch heute noch als Swastika in der Symbolsprache gebraucht und als Zeichen einer liberalen Partei verwendet wird – weit verbreitet. Traurige Berühmtheit erlangte das Hakenkreuz, als es im Dritten Reich zum herausgehobenen »Heilszeichen« wurde. Im Fachwerk kam das Zeichen sehr häufig vor, wurde aber vor allem nach dem letzten Krieg oft entfernt, überstrichen oder überspachtelt. Immer in Zeiten, in denen es verboten war, wurde es durch zwei sich kreuzende weiche S-Formen oder versteckt in anderen Formen dargestellt.[47]
Das Heidenkreuz bildet die Grundlage für zahlreiche weitere Umsetzungen und Umformungen des Symbols wie Mäanderzug, laufender Hund und Sägelinien. Eindrucksvolles Beispiel für die häufige Verwendung des Hakenkreuzes im Fachwerk ist das Haus Markt 17 in Einbeck aus dem Jahre 1542.
Vom Fyrfos leitet sich die »Sig«-Rune, der S-Zug als eine Hälfte des ursprünglichen Zeichens ab. Die »Sig«-Rune ist ein weiteres Symbol für Fruchtbarkeit. Die unmittelbaren Deutungen sind »Sieg, Heil und Segen«, weshalb auch diese Rune zusammen mit dem Hakenkreuz in die Zeichensprache des Dritten Reiches einging. Im Fachwerk kommt der S-Zug, geschnitzt, bis zum heutigen Tage vielfach vor – oft in Verbindung mit Spirale und Schlangenlinie.
Das Bur- oder Armanenkreuz kommt als Holzkonstruktion oder geschnitzt weniger vor. Es stand – wie auch heute noch als Additionszeichen – für die einfache Mehrung, wurde daneben aber auch als Lichtsinnbild verehrt.

37

38

# Lebensbäume und Dämonenabwehr

*39 Typische barocke Ausbildung des Lebensbaumes im Mittelständer eines Fachwerkgiebels.*

*40 Lebensbaumdarstellung in den Gefachen eines gründerzeitlichen Hauses in Weilburg.*

Neben den Runen hatte man, zumindest ebensohäufig, weniger geheimnisvoll und damit leichter zu entziffern ein großes Instrumentarium von Wunsch- und Glückszeichen sowie auch Mittel zur Dämonenabwehr.
Als häufigste und am leichtesten »lesbare Darstellung« ist hier der Lebensbaum zu nennen. In unendlich vielen Variationen und Kombinationen tritt er allein oder im Verbund mit anderen Motiven im Fachwerk auf, meist gemalt oder geschnitzt, lang gestreckt auf Ständern oder Eckständern. Trotz vieler Darstellungsarten ist der Darstellungsinhalt weitgehend gleich: Der Lebensbaum entspringt einer lebensspendenden Vase. Die Vase versinnbildlicht die

39

40

*41 Vorlage für einen Lebensbaum in Stipptechnik.*

*42 und 43 Vergleich einer Lebensbaumdarstellung im Fachwerk mit einer ebensolchen Darstellung in der Bauernmalerei.*

41

Erde, aus der alles Wachstum kommt. Die unteren Zweige des Lebensbaums zeigen noch geschlossene Blüten, »die Jugend«. Darüber folgen Äste mit reifen, offenen Blüten, damit ist die erwachsene, eben die »reife Generation« dargestellt. Gekrönt wird der Baum von einem Blütenkelch, der Zeugung und neuen Anfang symbolisiert.

Neben den vielen gemalten und geschnitzten Lebensbäumen tritt das Symbol auch in Form ganzer Giebelkonstruktionen im Fachwerk auf. A. Krepela hat dazu den Giebel des Spitalsgebäudes in Schorndorf, J.-Ph.-Palm-Straße 10, untersucht und faßt den Aufbau zusammen:

»In vier Stockwerken, auf gemauertem Unterteil, wurde eine Gesamt-Konzeption über Statik, Konstruktion und Ornament zu einer gestalterischen Idee als schöpferische Aussage gefunden . . .

Im 1. Stock des Fachwerkes ist die ›Vase‹, die ›Mutter Erde‹, wie im Lebensbaum des 18. Jahrhunderts dargestellt.

Der 2. Stock zeigt links und rechts von der Mitte die ›Junge Generation‹, je zwei kleine Lebensbäume mit angedeuteten Baumkronen und Blüten.

Beim 3. Stock des Fachwerkes wiederholt sich die Darstellung vom 2. Stock. Links und rechts von der Mitte ein kleiner Lebensbaum mit angedeuteten Blüten und Baumkronen . . .

Im 4. Stock sieht man den Lebensbaum selbst mit ausgebildeter Baumkrone und Blüten. Im Wurzelstock dort noch das Wappen vom Hospitalgebäude, das Deichselkreuz, als tragendes geistliches Element für die Gesamtmotivation . . .«[48]

Zu dieser Gattung der Symbolsprache gehören neben den Lebensbäumen unter anderem auch die gedrehten Stäbe in den Eckständern. Sie symbolisieren die älteste Art der Feuerentfachung mittels eines Drehstabes und der Drillschnur.

Weiter sind hierzu die zahlreichen Tau- und Seildarstellungen auf Schwellen, Füllhölzern und Türgewänden zu zählen. Die Seile sollen die »Bindung« böser Mächte

42

43

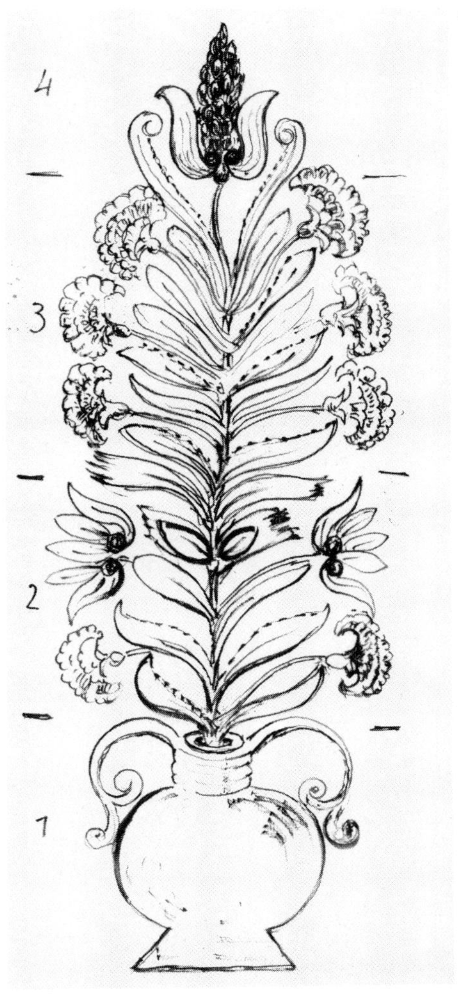

*44 bis 47 Die große Variationsbreite von symbolischen Darstellungen bei gehäuftem Vorkommen von Masken wird aus diesen Abbildungen deutlich: Auf Bild 44 sind flächig geschnitzte Masken in Goslar dargestellt; auf der Erkerbrüstung des Hauses Ohly in Oberkleen, Bild 45, Sonnenscheiben zwischen Masken; Bild 46 zeigt eine stark plastische Schreckensmaske aus Schesslitz, und auf Bild 47 tragen Mann und Frau einen Lebensbaum auf einem Eckständer in Langenhain in Hessen.*

*44*

symbolisieren und bewirken. Damit zählen die Seildarstellungen auch schon zur Dämonenabwehr. Da Tau- und Seildarstellungen viel häufiger in Niederdeutschland und oft in Verbindung mit Schiffskehlen und Schiffssymbolen vorkommen, sind zweifelsfrei auch Verbindungen dieses Symbols zur Schiffahrt vorhanden.
Das eindrucksvollste Mittel zur Dämonenabwehr waren die Schreckensmasken. Dämonen, Geister und überhaupt alles Böse durch furchterregende, schreckliche Gesichter oder Gestalten abzuwehren, gewissermaßen Gleiches mit Gleichem zu bekämpfen, ist eine weltweite Art in der Symbolik. Sogar die Schutzgottheiten des tibetischen Buddhismus sind ungeheuer

*45*

*46*

*47*

## Bauopfer

*48 Aus Balladen und Überlieferungen ist zu schließen, daß in frühen Zeiten auch Menschenopfer beim Hausbau häufig vorkamen und solche Bräuche noch bis weit über die Jahrtausendwende vereinzelt existierten. Für Tieropfer – auch bei Fachwerkbauten – gibt es noch wenige Belege, wie die Radierung von Heinrich Gödig aus dem Jahre 1597.*
*In diesen Brauchtumsbereich fällt auch das Annageln von Schädeln der Stiere, die das Bauholz zur Baustelle fuhren, an Mittel- oder Firstständern im Schwarzwald.*

schrecklich, mit weitgeöffneten Rachen und Reißzähnen dargestellt.
Im Fachwerk kommen abschreckende Fratzen, Gesichter und Masken oft vor und haben im Volkstum die verschiedensten Auslegungen und Bedeutungen erhalten. Meist sind die Schreckensmasken auf hervorspringenden Balkenköpfen, Bügen oder Knaggen angebracht, um den abwehrenden Charakter zu steigern. Aber auch auf Schwellen und Eckständern sind die schon im Ausdruck möglichst abschreckend und abstoßend wirkenden Masken zu finden. Die »dämonische« farbige Fassung unterstützt die Abwehrwirkung.
Eine besondere Ausprägung dieser Masken sind die Neidköpfe. Neid und Mißgunst müssen eine Plage gewesen sein, da man sich so deutlich und permanent dagegen wehren mußte. Die Neidköpfe sind wie alle Abwehrgesichter fratzenhaft verzerrt und strecken dem Betrachter, dem potentiellen Neider, die Zunge heraus. Im Volksmund wurden sie deshalb auch als Breilecker bezeichnet. Auf diese Weise sollten die Häuser und die Eigentümer vor Haß, Mißgunst und den »bösen Blicken der Neider« geschützt werden. Den dringenden Bedarf an Schutz vor Neid unterstreichen Hausinschriften aus dem 18. Jh. wie:

»Viele seynt die mich neiten,
aber wenig die mich kleiten,
und weren der Neiter nog so vil,
si geschit dog, was Gott haben will«

und

»Wann Haß und Neidt brennt wie Feyer,
so wer das Holtz nigt so deyer«.[49]

Zum Schutz und der Abwehr von Neid, Dämonen usw. bediente man sich teilweise sehr handfester Methoden, dazu gehören Darstellungen des »Hinternzeigens« wie an Häusern in Braunschweig, Herford und Goslar.

Bis auf die Riten, die sich bis heute erhalten haben, wie das Richtfest, sind nur wenige Gebräuche wie etwa Bauopfer bekannt und erforscht. Funde und Feststellungen der jüngsten Zeit beweisen jedoch, daß – wie in den Deich vor Abschluß der Arbeiten etwas »Lebendiges« hinein mußte – auch bei der Errichtung von Fachwerk geopfert wurde. Ziel des Opfers war es, die Götterwelt, überweltliche Mächte, für das Vorhaben zu gewinnen und das Gelingen des Baues wie dessen Bestand mit Hilfe der, durch das Opfer gewonnenen Macht zu erreichen. Es handelt sich also um heidnisches Brauchtum, das aber offensichtlich bis ins 18. Jh. heimlich gepflegt wurde. Deshalb wird in Urkunden oder Berichten über Bauopfer kaum gesprochen.
Im Haus Burgstraße 1 in Runkel an der Lahn wurden 1981 in einem Strohlehmgefach eingeschlossen drei aufgehängte Teichhühner gefunden. Noch mit dem Befund wurde so geheimnisvoll umgegangen, daß keine fotografische Dokumentation möglich war. Für das Vorhandensein und die Anordnung der Teichhühner gibt es keine andere Erklärung als die des Bauopfers. Bei einem Haus in Nienhagen in Niedersachsen fand man vor kurzem – im Holz eingelassen und durch saubere Holzpfropfen verschlossen – mehrere Hühnereier. Auch diese sind mehr als Bauopfer, denn als Fruchtbarkeitssymbol zu verstehen.
Einen äußerst präzisen Hinweis gibt eine Radierung von Heinrich Gödig aus dem Jahre 1597. Diese Radierung beinhaltet keine zeitgenössische Darstellung, sondern stellt eine Szene aus der Landnahme durch die Sachsen dar. Dargestellt ist das Fällen von Laubbäumen als Material für das Fachwerk, das Abschnüren (Einmessen) eines Baues, die Errichtung eines kleinen Massivbaus mit romanischen Stilelementen und der Baubeginn eines großen Fachwerkgebäudes – dazu ganz im Vordergrund im Beisein des Königs die Opferung eines Stieres. Das Belegstück ist um so sicherer für ein Bauopfer anzusehen, da es sich um eine Darstellung aus heidnischer Zeit handelt und zumindest Tieropfer bei verschiedenen Anlässen üblich waren.

*48*

# Von Inschriften, Mariendarstellungen bis zu Bildprogrammen

*49 Darstellung eines Handwerkeremblems aus dem Jahre 1734.*

*50 und 52 Mariendarstellungen an Häusern in Hessen und Franken.*

*51 Frauenfigur auf einem Fachwerkeckständer.*

Außer den geheimnisvollen Zeichen und Symbolen sind auf Fachwerk auch viele leicht »lesbare« oder sofort verständliche Schnitzarbeiten und Hausinschriften angebracht. Die bildlichen Darstellungen reichen von geometrischen Mustern, Ornamenten, Roll- und Beschlagwerk, Wappen und vegetabilen Motiven über einzelne gegenständliche Arbeiten wie Porträts, Figuren, Pflanzen und Tiere bis zu vollplastischen großen Einzelfiguren und komplett ausgearbeiteten Bildprogrammen. Die Darstellungen waren nicht zufällig, und alle gegenständlichen Motive basieren im Volkstum und in handwerklicher Volkskunst. Anderenfalls stehen die Motive konkret für ein Ereignis oder eine Persönlichkeit – beides fast immer in enger Verbindung mit dem Fachwerkhaus oder dessen Bau. So erinnert eine Figur gegenüber dem Melsunger Rathaus an die im Mittelalter in Melsungen übliche Tracht, und am Bürgermeister-Stumpf-Haus auf dem Marktplatz in Alsfeld hat sich der Bürgermeister am Eckständer seines Hauses selbst darstellen lassen.

Im Barock zeigte man Frömmigkeit – auch am Fachwerk. Während die Runen und heidnischen Symbole in dieser Zeit weitgehend zum Schmuck degradiert worden waren, wurde besonders im heutigen Franken im Fachwerk ein intensiver Marienkult gepflegt. Geschnitzt, eingesetzt, vorgebaut oder auf Konsolen erhielt dort fast jedes Haus zur Fürsprache für Glück, Segen und Wohlergehen sowohl für die Bewohner als auch für das Gebäude selbst eine Marienfigur. Nur selten kommen Christusdarstellungen vor. Bei den Heiligenfiguren ragt in der Häufigkeit diejenige von St. Florian, als Beschützer gegen das Feuer, der größten Gefahr für die Fachwerkbauten, heraus.

Die gegenständlichen Darstellungen gipfelten in den Abhandlungen kompletter Bildprogramme am Ende der Renaissance. Als Beispiel stehen hierfür bereits genannte Häuser in Herford und Alfeld. Das Herforder Remensnider-Haus aus dem Jahr 1521 zeigt auf seinen Knaggen in Form von Porträts das Weltbild des Mittelalters. Insgesamt ist der Schmuck dieses Hauses noch zurückhaltend. Im

49

50

51

52

53 Schmuckhölzer, Schnitzwerk und Hausinschrift, kombiniert an einem Fachwerkhaus in Staffelstein aus dem Jahre 1684.

54 1526 schnitzte Simon Stappen das umfangreiche Bildprogramm auf dem »Brusttuch« in Goslar.

55 und 56 Von gotischen Minuskeln über Fraktur und Antiqua bis zu einfachen Blockschriften reichen die Schriftarten auf dem Fachwerk.

Gegensatz dazu stehen die Hunderte von ausführlich gestalteten und beschrifteten Bildtafeln in den Brüstungsgefachen der Lateinschule in Alfeld an der Leine aus dem Jahre 1610, die den Lehrstoff, die Bildungswelt des Humanismus, umreißen.
Für die Hausinschriften eignen sich am günstigsten waagerecht liegende Hölzer, wie die Sturzriegel über den Türen und Toren sowie die Schwellen. Die Schriftarten reichen von gotischen Minuskeln über Antiqua bis zu einfachen Blockschriften, die Inhalte von Datierungen über den Namen der Eigentümer und der Zimmermeister, Sinnsprüche, erläuternde Texte bis zu Bibelzitaten. Das Einschneiden von Hausinschriften setzt in breiter Form erst spät, im 16. Jh., ein. Als Beispiel sei die Inschrift des Hauses Hauptstraße 10 in Wallau an der Lahn zitiert:

»Dieses hauß stehet in gottes hand
gott bewahr es vor feuer und brand
vor Donner und vor hagelschlag
und alles was im schaden mag
Gott segne alle Insgemein
die hier gehn auß und ein
gott sei gelobt in ewigkeit
der uns gnädig hat verleiht
Ein Hauß zu bauen in dem Jahr
daran die Zifer soviel Wahr 1751
Dies Haus ist erbaut mit gottes hilfe von johann . . . und Maria Elisabeth sein Eheweib Anno 1751 den vierten Tag Juli Bau Meister Conrad Schäfer war von Dodenau«[50]

54

55

53

56

## Behandlung von Schnitzwerk

Aus Niedersachsen stammt das Inschriftenfragment des Hauses Obere Mühlenstraße 1 in Bad Salzuflen aus dem Jahre 1632:

»ANNO 1632 DEN 24 JULII HADT
HERMANN VON EXTER
UND ILSE VAN SENDEN
DUT HAUS IN DEM NAMEN
DER HEILIGEN DREIEINIGKEIT
BOWEN LATEN.
AN GOTTES SEGEN IST ALLES GELEGEN.
V[ERBUM] D[OMINI] I[N] AE[TERNUM]
[Das Wort des Herrn in Ewigkeit].
WOL GADE IN RECHTEN GELOWEN
VORTRUWET, NICHT OP D . . .«[51]

Eine weitere Bauinschrift vom Rathaus Oberkleen in Hessen lautet:

»MEISTER CHRIST VON YSENBACH
HAT DIESEN GEMEINEN BAW
GEMACHT – ANNO 1582
WER GOT FVR AVGEN HAT
DES GLVCK AVF ERDEN LANG BESTAT
VERT(R)AW GOT SO ERRET ER
AVS ALLER NOT«

Bei der Sanierung, Festigung oder farbigen Fassung von Inschriften und allen anderen Schnitzereien sind die technischen und materialspezifischen Eigenarten zu beachten. Dazu ist notwendig, die Zeichen, Symbole und Darstellungen einordnen zu können, um Fehlinterpretationen und daraus resultierende Veränderungen der Darstellungen zu vermeiden.

Grundsätzlich sind die Hölzer im Fachwerk statisch beansprucht und dürfen durch Schnitzwerk nicht übermäßig geschwächt werden. Deshalb sind im Normfall alle Schriftzüge und Schnitzereien flach in das Holz eingekerbt. Waren die Hölzer stark genug, so wurde schon bei Tauwerk und ähnlichem Schmuck vollplastisch gearbeitet. Bei starken Eckständern und Hölzern, die keine oder nur geringe Last zu tragen haben, wie Füllbohlen oder die als Eselsrücken und Dreipassbögen gestalteten Sturzriegel, zum Beispiel am gerade rekonstruierten »Großen Engel«, Am Römerberg in Frankfurt am Main, arbeitete man den Schnitzschmuck weitgehend vollplastisch tief ins Holz ein. Gerade bei dieser Art des Schnitzwerks sind die erhabenen Teile oft stark angewittert, und besondere Sanierungsmaßnahmen, wie die Festigung des Holzes, werden notwendig. Die farbige Fassung von Schnitzwerk ordnet sich dem Gesamtfachwerkbild unter. Für die Fassungen selbst sind Befundsuche und Befundauswertung wiederum das sicherste Mittel, ein der Originalfassung angenähertes Sanierungsergebnis zu erreichen.

Die meist ein- oder zweizeilig auf Schwellen, Rähmhölzern oder Türstürzen aufgebrachten Inschriften sind flach eingekerbt und ausgemalt oder nur aufgemalt. Zur Bewahrung der Originalität müssen auch schwer lesbare Buchstaben und Zahlzeichen zuerst identifiziert und dann in ihrer ursprünglichen Form ausgemalt oder restauriert werden.

57

58

*57 Bauinschrift aus dem Jahre 1667 aus Braunfels.*

*58 Lateinische Bauinschrift aus dem Jahre 1670 aus Duderstadt.*

# Fachwerkfreilegung

1

*1 (Seite 79) Erst nach dem Abnehmen des Verputzes zeigt sich oft reich gestaltetes Fachwerk wie bei diesem Beispiel aus der Fränkischen Schweiz.*

*2 und 3 Der stadtgestalterische Wert freigelegten Fachwerks wird an der Hauszeile Burggraben in Frankfurt-Höchst, vor und nach der Freilegung, sichtbar.*

In der Bundesrepublik Deutschland gibt es mindestens noch 1 Million Fachwerkgebäude, nach jüngeren Schätzungen sind es sogar mehr als 1,5 Millionen. Diese große Zahl wird von Bürgern wie Fachleuten nicht wahrgenommen, wird nicht bewußt, weil der weitaus größere Teil der Fachwerkhäuser nicht »sichtbar« ist: Das Fachwerk liegt unter einer Verputzschicht verborgen.

Seit dem Barock wurden Fachwerke aus den verschiedensten Gründen verputzt. Dies geschah zur Vortäuschung von Steinbauten und zur Brandsicherheit, unabhängig davon, ob sie als Sichtfachwerke gebaut oder als Putzbauten konzipiert waren (siehe hierzu Kapitel »Einordnung des Fachwerks in die Stilepochen«). Die aufgebrachten Verputze waren zum Teil Lehmputze ohne weitere Bindemittel, zum größeren Teil magere, dünne Kalkputze mit Mischungsverhältnissen von 1 RT Sumpfkalk: 4 bis 6 und mehr RT Sand. Diese Verputze, mit Kalk getüncht, waren hochwasserdampfdurchlässig, und keinerlei Feuchtigkeit wurde im Holz oder in den Gefachen gehalten. Die Gefahr der Zerstörung des Fachwerks durch pflanzliche Schädlinge, wie Fäulnis und Schwämme, war dadurch gering.

Verputze halten eine Generation, in günstigen Fällen noch länger, dann müssen sie erneuert werden. Bei jeder Putzerneuerung wurden die Verputze auf dem Fachwerk »besser«, das heißt die Putzmörtel wurden fetter und damit auch dichter. Bis ins 20. Jh. wurde das Mischungsverhältnis vom Kalk zum Sand verbessert, dann wurde erst wenig und dann mehr Zement als Bindemittel neben dem Kalk zugegeben, und seit dem letzten Jahrzehnt dient auch Kunststoff als Bindemittel im Verputz. Die auf diese Weise »dicht«, insbesondere wasserdampfdicht gewordenen Verputze dienen längst nicht mehr dem Schutz des Fachwerks, wofür sie gedacht waren, sondern bergen erhebliche Gefahren für die Fachwerkhölzer. Die von innen als Kondensat, von außen aus feuchter Luft wie aus Niederschlägen in die Wand eindringende Feuchtigkeit kann bei wasserdampfdichten oder auch annähernd dichten Verputzen nicht schnell genug nach außen verdampfen und führt deshalb zu Schäden am Holz. Dieser bauphysikalische und technische Zusammenhang muß deshalb an erster Stelle bei Überlegungen zur Fachwerkfreilegung stehen. Wenn Fachwerke verputzt werden sollen, so ist darauf zu achten, daß dadurch keine Gefahren für die Holzkonstruktion entstehen.

3

2

# Unter Verputz liegende Fachwerke – stadtgestalterisches Guthaben

*4 und 5 Das Stein'sche Haus in Kirberg vor und nach der Freilegung. Inzwischen wurden auch die Ecktürme rekonstruiert.*

Bei der Suche nach Möglichkeiten, Dörfer, Städte und Landschaften wieder humaner und reizvoller zu gestalten, ist das unter Verputz schlummernde Fachwerk oft ein Guthaben, das sich leicht nutzen läßt. Mit der Sichtbarmachung des freilegungswürdigen Fachwerks lassen sich bedeutende stadtgestalterische Ergebnisse erzielen, die weit über billige Effekthascherei hinaus Stadt- und Dorfkerne dauerhaft aufwerten, damit die Bevölkerungsstruktur günstig beeinflussen und nicht zuletzt das auch vom optischen Eindruck geprägte Image einer Stadt wesentlich verbessern. Unberücksichtigt bleiben bei dieser Betrachtung der Fremdenverkehr und sämtliche touristischen Aspekte, da der Beitrag zum Wohlbefinden der ansässigen Bevölkerung, zur Steigerung des Identitätsbewußtseins, der Wertschätzung, Pflege und Bauerhaltung als die wichtigeren Ziele angesehen werden.[52]

Die Freilegung von verputztem oder verkleidetem Fachwerk zählt neben anderen Faktoren zu den wichtigsten Maßnahmen, das historisch gewachsene Bild von Stadt- und Dorfkernen wiederherzustellen. Fachwerkfreilegungen tragen mit dazu bei, die Unwirtlichkeit unserer Städte und Dörfer zu mildern, und motivieren die Bürger, sich wieder mit ihrer Straße, ihrem Dorf, ihrer Stadt zu identifizieren.

Neben dem nicht zu unterschätzenden Eigentümer- und Bewohnerstolz sind Fachwerkfreilegungen oft das erste Mittel, vom »Abkippen« bedrohte Stadtviertel wieder zu revitalisieren und ziehen meist Sanierungs- und Modernisierungsmaßnahmen nach sich. Nachdem einzelne Areale mit Fachwerksubstanz aus den vergangenen Jahrhunderten schon zu Ghettos mit heruntergekommenen Billigwohnungen für Niedrigverdiener abgesunken waren, wurden diese Gebiete nach Fachwerkfreilegungen und Sanierungen für ein breites Bürgertum interessant, und es stellte sich wieder eine ausgeglichene Sozialstruktur der Bevölkerung ein. Die Nachfrage nach Häusern in Fachwerkdörfern und -städten nimmt zu, Grundstückspreise und Mieten erholen sich. Die Fluktuation der Bewohner geht auf ein Minimum zurück, da das Wohnen im unverwechselbaren »eigenen« Quartier wieder Freude macht.

Inzwischen haben zahlreiche Dörfer und Städte damit begonnen, Fachwerk in größerem Umfang freizulegen. Auch kunsthistorisch bedeutende Schätze treten dabei zutage. So war auch das fast vollflächig mit geschnitzten Tafeln versehene Eickesche Haus in Einbeck von 1826 bis 1890 teilweise verputzt. Umgekehrt wird leider auch das eine und andere nicht freilegungswürdige Fachwerk vom Putz befreit. Deshalb wird hier darauf hingewiesen, daß geplante Freilegungsmaßnahmen vorher einer eingehenden Untersuchung bedürfen.

4

5

# Untersuchungsmethoden – Infrarottechnik und Dendrochronologie

*6 Infrarotuntersuchung von unter Verputz liegendem Fachwerk.*

*7 bis 11 Infrarotuntersuchungsergebnisse, als Thermogramme mit der Sofortbildkamera fixiert.*

Bis vor wenigen Jahren konnte man unter Verputz liegendes Fachwerk nur feststellen und untersuchen, indem man den Verputz ganz oder doch zumindest partiell abschlug. Der Hauptnachteil bestand darin, daß man, wenn das Fachwerk sich als nicht freilegungswürdig erwies, den gesamten oder partiell abgeschlagenen Putz wieder aufbringen mußte. Inzwischen kann man mit Hilfe der Thermografie, der Infrarottechnik, Fachwerke unter Verputz zerstörungsfrei untersuchen. Die Methode nutzt die Tatsache, daß alle Gegenstände, die über dem absoluten Nullpunkt von −273 °C oder Kelvin temperiert sind, eine Wärme- oder Infrarotstrahlung aussenden, welche durch Eigenwärme oder absorbierte Wärme hervorgerufen wird. Die Wärmestrahlung einzelner Stoffe ist verschieden, so geben Ausfachungen und Holz unterschiedliche Wärmestrahlung ab.

Die Untersuchungen werden durch Fassadenaufnahmen mit komplizierten und sensiblen Geräten durchgeführt. Die Aufnahmegeräte bestehen aus einer mit einem Stickstoffmantel tiefgekühlten Aufnahmekamera, einem Monitor mit Sichtgerät sowie einer adaptierten Kamera oder Sofortbildkamera zur Dokumentation der Ergebnisse.

Die Fassaden werden mit dem Infrarotgerät abgetastet. Die Qualität des Untersuchungsergebnisses hängt von einer Reihe von Voraussetzungen ab, wobei die Witterung während der Messung einen entscheidenden Einfluß ausübt. Es empfiehlt sich, verputzte Fachwerkbauten möglichst in der warmen Jahreszeit thermografisch aufzunehmen, da infolge der stark unterschiedlichen Reflexionen atmosphärischer Wärmestrahlung von Holz und Ausfachungsmaterial sich zu dieser Zeit besonders scharfe Thermogramme ergeben. Die zumeist unterschiedliche Raumbeheizung während der kalten Jahreszeit ergibt auch verschiedene Wärmeabgaben der einzelnen Fachwerkteile, so daß oft unscharfe oder ungleichmäßige Fassadenbilder entstehen. Darum sollten auch unbewohnte Fachwerkhäuser, speziell Giebel und

6

7

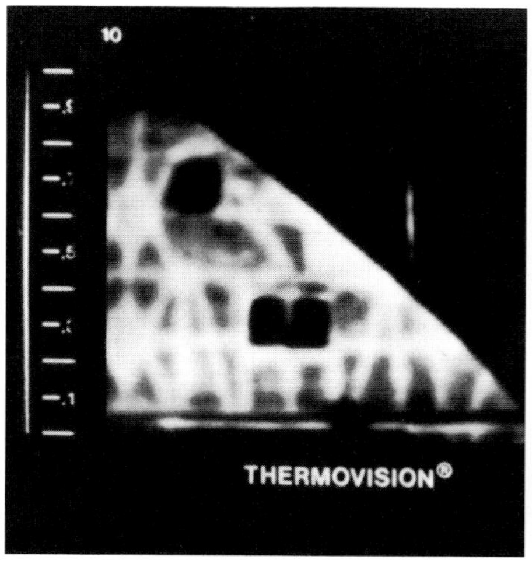


8

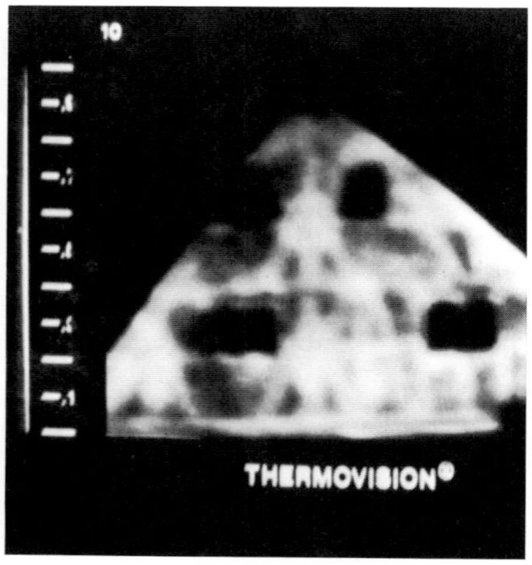


9

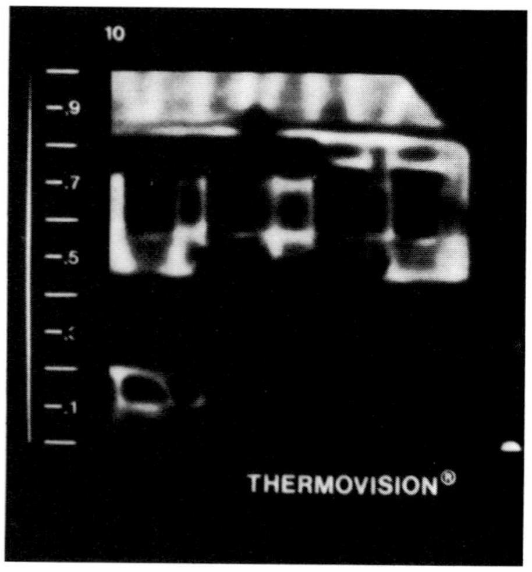


10

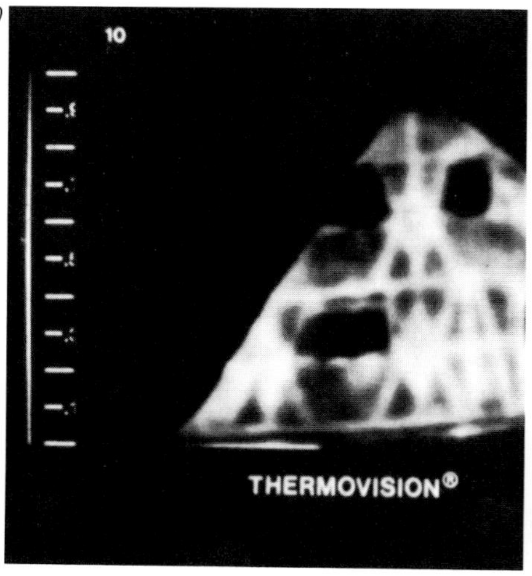


11

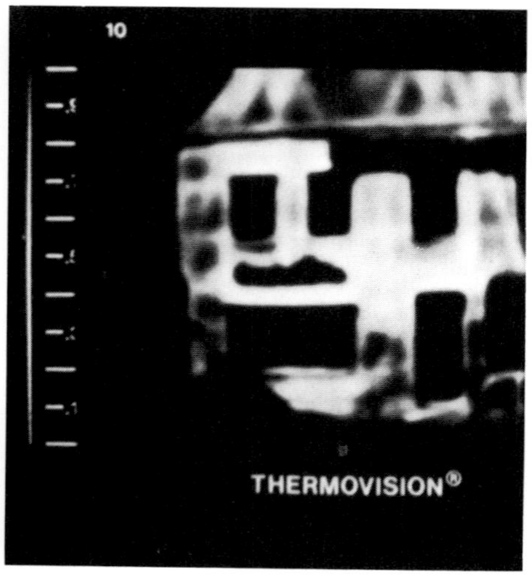

*12 Fachwerkfassade des verputzten Rathauses von Calw, auf der Basis von Infrarotuntersuchungen aufgezeichnet.*

*13 Eichenholzscheibe, deren Jahresringe dendrochronologisch untersucht wurden. Jeder zehnte Jahrring ist markiert. Der Stamm wurde im Winter 1586/87 gefällt.*

*14 bis 16 Das Haus Marktplatz 1 in Waiblingen: Verputzt, auf dem Thermogramm und in der, aus der thermographischen Untersuchung erstellten Ansicht.*

12

Scheunen, in den Sommermonaten thermografiert werden.

Anhand von Thermografien läßt sich leicht feststellen, ob unter dem Verputz ein ehemals schmückendes Sichtfachwerk liegt oder das Fachwerk nur konstruktive Zwecke erfüllt, ob es sich um eine architektonisch und handwerklich wertvolle Konstruktion handelt, welche Veränderungen daran vorgenommen wurden und wie sich eine Freilegung auf die bauliche oder landschaftliche Umgebung auswirken würde. Bei günstigen Aufnahmebedingungen sind alle Details, wie Verstrebungsformen, Schmuckhölzer, An- und Umbauten sowie Störungen durch größere Fenster oder Türen, erkenn- und fixierbar. In Einzelfällen sind auch Anhaltspunkte auf den Thermogrammen zu finden, die auf den Zustand des Holzes (Schädigung durch tierische oder pflanzliche Schädlinge) schließen lassen. Andernfalls muß zur Feststellung des Erhaltungszustands der Holzstäbe, nach Einzeichnung des Fachwerks aufgrund des Infrarotergebnisses in einen Aufriß, der Putz an einigen wenigen, besonders häufig mit Mängeln behafteten Stellen – wie den Fensterstreichpfosten unterhalb der Fensterbänke, den untersten Schwellen und den Knotenpunkten vom oberen Rähm mit Dachbalken und Giebelsparren – partiell abgeschlagen werden. Dann lassen sich die Holzteile überprüfen.

In Orten mit massierter Fachwerksubstanz empfehlen sich aus praktischen Gründen und zur Erzielung geschlossener Unterlagen für Sanierungs- und Gestaltungspläne Reihenuntersuchungen von Straßenzügen oder von gesamten Dorf- oder Stadtkernen. Die mit der Sofortbildkamera vom Monitor entnommenen Bilder, Skizzen und handschriftlichen Aufzeichnungen sollten in Lageplänen markiert und in Straßenabwicklungen eingezeichnet werden, um als Basis für stadtgestalterische Untersuchungen und Freilegungskonzepte zur Verfügung zu stehen oder zu ihrer Anregung zu dienen.[53]

Ähnliche Erfolge wie bei der zerstörungsfreien Fachwerkuntersuchung wurden in den letzten Jahren bei der Datierung erreicht. Mit der schon älteren Radiocarbonmethode konnte man Fachwerke nur auf ca. ±50 Jahre genau datieren. Die Dendrochronologie läßt bei günstigen Voraussetzungen eine jahrgenaue Datierung zu.

Grundlage der Dendrochronologie ist das unterschiedliche Wachstum der Bäume je nach fruchtbarem oder weniger fruchtbarem Jahr. Aufgrund der Untersuchung vieler Eichenstämme – überlappend in der Zeit und auch weit zurückliegend – wurden Standardkurven für die verschiedenen Landschaften erarbeitet.

Zur Feststellung des Fälldatums wird von dem zu bestimmenden Stamm die Breite der Jahrringe gemessen, im Maßstab der

13

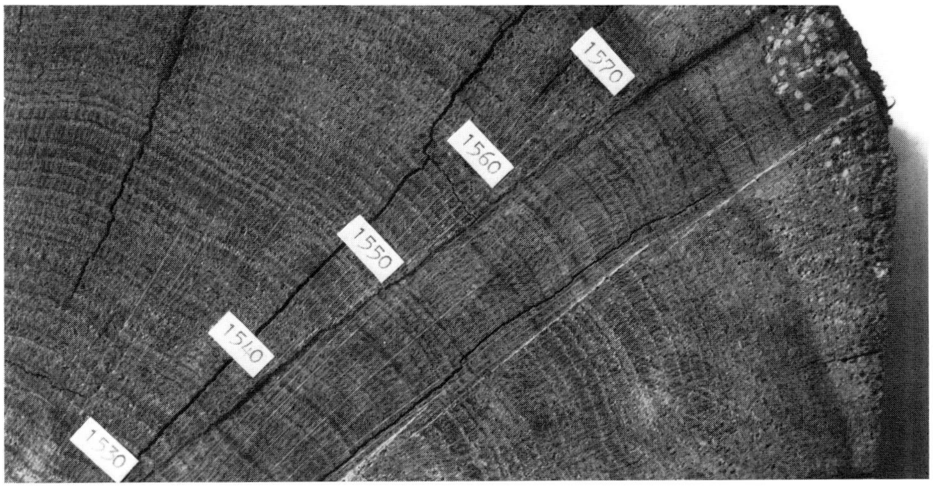


14

15

16

17 *Schemazeichnung der endoskopischen Untersuchung eines eingemauerten Balkenkopfes.*

# Bauphysikalische und technische Aspekte bei der Freilegung

Standardkurve eine Kurve erstellt und diese Einzelkurve mit der Standardkurve verglichen. Dort, wo Standard- und Einzelkurve voll oder weitgehend identisch sind, kann man am äußersten Jahrring der Einzelkurve im günstigsten Fall das Fälljahr ablesen. Im günstigsten Fall heißt, daß zum einen eine weitgehende Übereinstimmung vorhanden sein muß (hierzu gibt es Meßwerte, die besonders die Anzahl der untersuchten Jahrringe berücksichtigen), und zum anderen muß der äußerste Splint-Jahresring, der Bast, am zu untersuchenden Holz vorhanden sein.

Bei der Auswahl der Probe ist es wichtig, daß kein Holz zur Untersuchung verwendet wird, das bereits zum zweiten oder dritten Mal eingebaut war oder welches erst anläßlich einer späteren Reparatur verwendet wurde.

Günstig zur Untersuchung sind flache Holzscheiben. Ist kein zerstörtes Holz vorhanden, welches das Abschneiden einer Scheibe erlaubt, so werden Kernbohrungen durchgeführt und die Jahrringe auf dem Kern gemessen.

Werden auch die Beil- und Sägespuren untersucht, so ist bei günstigen Voraussetzungen das Baujahr genau zu fixieren.

17

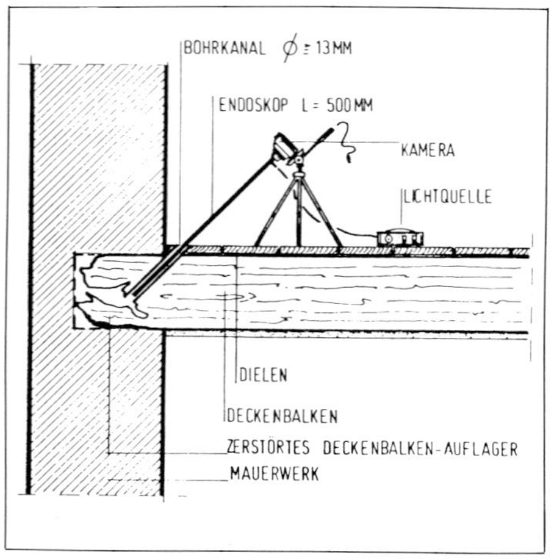


Bei den Überlegungen zur Fachwerkfreilegung spielt das Abwägen der Vor- und Nachteile eine ebenso große Rolle wie die Freude über das Sichtfachwerk und Fragen der Wärmedämmung, eventueller Zugerscheinungen und Bau- und Unterhaltungsaufwendungen.

Die eindeutigen Vorteile von Fachwerkfreilegungen liegen im »Sichtbarmachen« des Baugefüges, in der Beseitigung der Gefahr von Fäulnis in der Art, daß dauernde Feuchte im Fachwerk ausgeschlossen wird, der Sanierungsmöglichkeit bereits eingetretener Mängel, der kontinuierlichen Kontrollierbarkeit sowie in der Früherkennung und dadurch leichten Abwehr neuer Schäden.

Bei normalen Freilegungsarbeiten sollen die Ausfachungen (Stakung mit Strohlehm, Lehmziegel, Leichtbetonvollsteine, sogenannte Schwemmsteine, usw.) nicht herausgenommen und ausgewechselt werden. Auf diese Art und Weise werden auch die Innenseiten der Außenwände nicht in Mitleidenschaft gezogen (zusätzliche Wärmedämmaßnahmen siehe Kapitel »Wärmedämmung von Fachwerkwänden«).

Das Putzabschlagen muß zur Schonung der Ausfachungen sorgfältig und möglichst von Hand erfolgen. Beim Einsatz von Maschinen dürfen die Fachwerkstäbe nicht beschädigt und die Gefache nicht zerstört oder losegerüttelt werden. Alle Reste der Putzunterkonstruktion, wie Rohrmatten, Drahtgeflecht oder Latten, sind sauber zu entfernen und alle Nägel zu ziehen. Wenn die Nägel fest eingerostet sind, schlägt man sie am günstigsten erst noch ein wenig weiter ins Holz, um sie zu lösen und dann leichter ziehen zu können. Die weiteren Arbeitsgänge sind dann gleich wie bei Verputz und Neuanstrich.

Die Verminderung der Wärmedämmung bei Fachwerkfreilegungen ist unbedeutend. Die über die gesamte Fassadenfläche gelegte Putzschicht wird bei der Freilegung zwar entfernt und dadurch auch die Wärmedämmung geringfügig vermindert, mit dem Neuverputz der Gefache wird aber praktisch wieder die vorherige Wärmedämmung im Gefachbereich erreicht. Etwas geringer wird die Dämmung nur im Bereich der Holzstäbe, wo die Putzschicht nach Freilegung auf Dauer fehlt. Da die Holzstäbe aber an sich eine hohe Dämmfähigkeit ($\lambda$ = 0,14–0,21 W/mK) besitzen, kann diese geringe Minderung vernachlässigt werden.

Insbesondere bei früheren einfachen Techniken oder fehlenden Dreikantleisten entstanden durch Witterungseinflüsse häufig Schäden in Form zugiger Fugen zwischen Ausfachungsmaterial und Holzstäben. Solche Fugen oder Risse können mit handwerklichen Methoden ohne Schwierigkeiten geschlossen werden. Bei richtig durchgeführten Freilegungsarbeiten besteht keine Gefahr von Zugerscheinungen.

18

18 *Freilegungsproben bringen oft und überraschend wertvolles Schmuckfachwerk zutage.*

19 *Vom Putz befreites und für die zukünftige Sichtfassung vorbereitetes Fachwerk.*

20 *Für die Freilegung müssen Fachwerke keinesfalls ausgekernt werden – auch bei der weitaus größeren Anzahl von Sanierungen ist ein solcher Eingriff unnötig, teuer und vernichtet wertvolle Substanz.*

Die Erhöhung der Bauunterhaltungskosten steht in keinem Verhältnis zu den Vorteilen. Die Freilegungsmaßnahme selbst erfordert einmalig erhöhte Aufwendungen. Der Mehraufwand, der durch das Beschneiden von Hölzern und Gefachen bei Wiederholungsanstrichen entsteht, ist gering. Der geringe Mehraufwand für die Bauunterhaltung ist jedoch mehr als gerechtfertigt durch die Einsparung der sonst viel höheren Kosten für die Beseitigung von Schäden an den Fachwerkhölzern.

19

20

## Nicht alle Fachwerke sind freilegungswürdig

Neben den technischen Fragen gibt es eine Reihe ästhetischer, stadtgestalterischer und denkmalpflegerischer Aspekte zu berücksichtigen. Ursprünglich bereits als Putzfachwerke konzipierte Bauten sind in ihrer architektonischen Aussage und ihrer künstlerischen Qualität auf das Bild der geschlossenen Putzfassade angewiesen. Die Proportionen des Baus, Anordnung und Maßverhältnisse von Fenstern, Türen usw. sind auf den Putzbau abgestimmt – eine Freilegung würde die ursprüngliche architektonische Konzeption vernichten. Noch mehr gilt dies für Bauten, bei denen Putz und Stuck in Form von Quaderungen, Gewänden und Gesimsen einen Massivbau vortäuschen sollen. Solche Putzfachwerke sollten im Normfall nicht freigelegt werden.
Aber auch die Verputze auf den ursprünglichen Sichtfachwerken sind längst Geschichte geworden. Dort, wo solche Bauten mit Putz und Stuck eine neue, ausgeprägte Architekturfassung erhielten oder wo solche Putzfachwerke in geschlossenen Ensembles mit Massivbauten eine Einheit bilden, sollte ebenfalls normalerweise nicht freigelegt werden.
Die frühesten für Verputz konzipierten Fachwerke weisen die gleiche Konstruktion wie die oft noch zur selben Zeit gebauten Sichtfachwerke auf. Lediglich Schmuckhölzer und Schnitzereien fehlen. Die Holzstärken und das ausgewogene, meist symmetrische Fachwerkbild wurden beibehalten. Vielfach wurde erst im 19. Jh. bei Fachwerkputzbauten die Holzstärke auf das statisch notwendige Minimum eingeschränkt und das Fachwerkbild zugunsten von Holzeinsparung sowie freier Anordnung von Öffnungen vernachlässigt. In Zweifelsfällen gibt es bei rein konstruktiven Fachwerken eine Reihe von Indizien, die darauf hinweisen, ob es sich im Ursprung um Sicht- oder Putzfachwerk handelte, zum Beispiel symmetrische Strebenanordnung, Oberflächenbehandlung der Hölzer (nicht die Kerben des Putzerbeiles, da solche Kerben bei Putzfachwerk wie auch bei nachträglichem Verputz angebracht wurden) und Fasen an der verbreiterten Schwelle.
Grundsätzlich freilegungswürdig sind alle

*21 Verschieferte Straßenzeile mit dem Rathaus in Herborn. Eine Freilegung würde die für Herborn typische Schieferarchitektur zerstören.*

*22 Der von einer Seite überputzte Eckständer läßt das Fachwerk als hauchdünne Schicht erscheinen.*

früher »auf Sicht« konzipierten Fachwerke. Freilegungswürdig sind auch oft noch frühe Putzfachwerkbauten, da Holzstärken und Fachwerkbild dem Sichtfachwerk entsprechen. Nicht freilegungswürdig sind Fachwerkputzbauten mit dünnen Fachwerkstäben, wie sie oft im 19. Jh. gebaut wurden. Ausnahmen sind hier nur denkbar, wenn sich ein solches Gebäude in einem ansonsten geschlossenen Fachwerkensemble befindet. Die Freilegungswürdigkeit ist auch eingeschränkt, wenn das Fachwerk durch unsachgemäße Eingriffe, Ausbesserungen oder den Einbau großer Fenster so stark gestört ist, daß das ursprüngliche Fachwerkbild kaum noch wahrnehmbar ist oder völlig atektonisch wirkt.

Da auch zur Entstehungszeit der Fachwerke des öfteren Massiverdgeschosse mit Fachwerkobergeschossen oder auch einzelne Fachwerkwände in Massivgebäuden erstellt wurden, erscheint es legal, in Einzelfällen bei stark gestörtem Fachwerk im Erdgeschoß dieses verputzt, also »massiv«, zu belassen und nur das oder die Obergeschosse freizulegen. Ebenso können in Ausnahmefällen auch einzelne Wände verputzt oder verkleidet bleiben. Zu beachten ist bei solchen Kompromissen, daß das Fachwerkgefüge nachvollziehbar bleibt, also zum Beispiel Eckständer zweiseitig und Balkenköpfe der Decke mit der darüberliegenden Schwelle sichtbar sind.

Die Freilegungswürdigkeit anläßlich früherer Sanierungen untermauerter oder teiluntermauerter Fachwerke (Erdgeschoßwände oder Giebel wegen starker Holzschäden durch Mauerwerk ersetzt) muß in jedem Einzelfall sorgfältig geprüft und entschieden werden. Auch hier gilt: Fachwerk, das nur noch fragmentarisch, ohne Zusammenhang des Gefüges kompletter Wände, vorhanden ist, sollte nicht freigelegt werden. Bei durch Mauerwerk ersetzten Giebelwänden sind meist auch die Eckständer entfernt worden, so daß Schwelle, Riegel und Rähm ohne Begrenzung durch einen Ständer frei im Mauerwerk enden. In solchen Fällen ist es als Ausnahme denkbar, im Anschluß an die Giebelmauerstärke – also nicht auf die Ecke – eine Bohle als Ständer einzufügen, um auf diese Weise die Fachwerkkonstruktion optisch vom Mauerwerk zu trennen.

Dem Material oder der Konstruktion nicht adäquate Lösungen wie Sichtfachwerk im Erdgeschoß und darüberliegende verputzte »Massivgeschosse« oder das einseitige Verputzen eines Eckständers, der auf der anderen Seite freiliegt, dürfen nicht durchgeführt werden.

In exponierten Lagen mit strengen klimatischen Bedingungen wurden bereits früh einzelne Wände oder ganze Fachwerke verkleidet, um Schlagregen- und Winddichtigkeit zu erreichen. Als Material dienten Schiefer, Biberschwänze, Dachpfannen, waagerechte Verbretterungen sowie Kurz- und Langschindeln. Mit den heutigen Techniken lassen sich größere Dichtigkeit der Fugen zwischen Holzstäben und Ausfachungsmaterial sowie bessere Korrosionsbeständigkeit der Gefache erreichen. Daher werden die schützenden Schirme nicht mehr unbedingt oder nur bei extremen Wetterbedingungen benötigt. Trotzdem sollten schmuckvolle Schindel- oder Schieferschirme in jedem Fall belassen werden. Zum einen stellen sie, wie Fachwerk auch, kunstvolle kleinmaßstäbliche Handwerksarbeiten dar, zum anderen schützen sie – im Gegensatz zu Verputz und einer Reihe der neuen Verkleidungsmaterialien – das Fachwerk dauerhaft. Die Freilegung sollte erst bei notwendiger Erneuerung der Schutzschirme erwogen werden. Nur außergewöhnliches Schmuckfachwerk rechtfertigt eine vorzeitige Abnahme von Schindel- oder Schieferschirmen.

Abzulehnen und, wo angebracht, wieder abzunehmen sind alle Verkleidungsarten der jüngsten Zeit wie Aluminium-, Kunststoff-, Asbestzement- und Bitumenplatten. Diese Plattenverkleidungen verdecken das Gefüge, lassen das Fachwerk als kleinmaßstäbliche Struktur verschwinden und sind darüber hinaus teilweise technisch derart problematisch, daß die Fachwerkhölzer wegen mangelnder Dampfdurchlässigkeit zur Fäulnis neigen.[54]

21

22

# Neuverputz und Neuanstrich

1

1 (Seite 87) Die liebevolle Farbfassung der an sich einfachen Klappläden sowie die Dachschindeln unterstützen die Maßstäblichkeit dieses, vom Maler neu gefaßten Fachwerks.

2 Limburg, Römer 1, mit einem älteren Bauteil aus dem Jahre 1294/96, der linken Gebäudehälfte um 1500 und dem jüngst angebauten Turm mit Erschließungsgalerien. Die Bauphasen sind durch unterschiedliche Farbgebung unterstrichen.

3 Rechts im Bild die Rekonstruktion einer Fassung aus den Jahren 1491/92, im linken Bildteil die gleiche Fassung ohne Begleiter und Ritzer.

4 Analogfassung nach Befunden: »Ochsenblut«-Rot auf den Fachwerkhölzern, an die Hölzer anschließend ein grauer Begleiter von 3,5 bis 5 cm Breite und daran wiederum anschließend ein schwarzer Ritzer von 0,8 cm Breite.

2

3

4

*5 »Ochsenblut«-rot-Fassung eines Fachwerks in Duderstadt aus dem Jahre 1698.*

*6 Außergewöhnliche Fassungen, wie zum Beispiel Fassungen mit Gold, sollen möglichst nach Befund dem Original nachgebildet werden, um die Vielfalt der Gestaltungen zu erhalten.*

*7 »Ochsenblut«-rot-Fassung des Rathauses in Marktzeuln.*

5

6

7

8

8 Neufassung des »Adam-und-Eva-Hauses« in Paderborn aus dem Ende des 16. Jahrhunderts. Tauwerk, Ranken, allegorische Figuren, Fächerrosetten und Inschriften sind starkfarbig auf dem zurückhaltenden Grund abgesetzt. Die Farben stehen aber so zueinander, daß die Fassade nicht »auseinanderfällt«.

9 und 10 Fassung von jüngeren Türen in Fachwerken des 17. und 18. Jahrhunderts.

9

10

# Bauphysikalische Voraussetzungen

Die historischen Fachwerkmaterialien Holz und Strohlehm auf Stakung haben außerordentlich günstige bauphysikalische Eigenschaften.
Das Holzgefüge hat allein alle statischen und konstruktiven Funktionen zu erfüllen. Die verwendeten Holzarten – in erster Linie Eiche, nachdem diese im 17. Jh. nicht mehr ausreichend zur Verfügung stand auch Fichte und Tanne sowie in wenigen Ausnahmefällen Kiefer, Lärche, Esche und ähnliche Hölzer – haben ausgeglichene Druck-, Zug- und Biegezugfestigkeiten. Holz ist dazu leicht, das heißt, die Eigengewichte der Bauten sind gering, und Holz läßt sich auch leicht bearbeiten. Die wand- und raumabschließenden Gefache aus Stakung und Strohlehm sind ebenfalls leicht, haben ausreichend hohe mechanische Festigkeit und waren preisgünstig zu beschaffen, da das Material praktisch nichts kostete.
Die Ausdehnungskoeffizienten der Materialien Holz, Lehm und Stroh liegen so nah beieinander, daß keine Schäden aufgrund unterschiedlicher thermischer Bewegungen entstehen. Holz und Strohlehm haben geringe Wärmedurchgangswerte und zählen deshalb grundsätzlich zu den gut wärmedämmenden Materialien, wenngleich sie den heute bestehenden Energieeinsparungserfordernissen oft nur mit zusätzlichen Maßnahmen gerecht werden können. Auffallend hoch ist dagegen das Wärmespeichervermögen beider Baustoffe. Holz hat die Verhältniszahl 1:27 von Wärmedurchgang zu Wärmespeicherung und Strohlehm von 1:14, während neuere Baustoffe fast alle nur Werte von unter 1:10 erreichen. Weiter nehmen Holz und Strohlehm Feuchte leicht auf und geben diese auch schneller wieder ab, das heißt, die beiden Baustoffe tragen entscheidend zu einem angenehmen, gesunden und ausgeglichenen Raumklima bei.
Selbstverständlich gelten aber auch alle physikalischen Bedingungen für Fachwerk. Die Mißachtung bauphysikalischer Grundregeln hat in zahlreichen Fällen zu Mängeln an Fachwerkgebäuden geführt.
Zunächst ist der Schwindprozeß des Holzes zu beachten. Frisch gefälltes Holz hat etwa 40 bis 50% Feuchtigkeit, diese trocknet auf natürliche Weise auf 10 bis 20%. Das so weit ausgetrocknete – lufttrockene – Holz ist als Bauholz gut geeignet. Während des Austrocknungsprozesses schwindet das Holz in Längsrichtung nur 0,1%, in Spiegelrichtung quer zur Faser, also radial, bis zu 5% und in der Sehnenrichtung bis zu 10%.
Da das Schwundmaß in der Sehnenrichtung am größten ist, tritt bei Vollhölzern (aus dem vollen Holz geschnitten) an allen vier Kanten der Schwund am stärksten in Erscheinung, während er nach der Mitte der Seiten schwächer wird und nach Austrocknung der quadratische oder rechteckige Querschnitt konvexe Seitenlinien aufweist. Bei Halbhölzern ist demnach der Schwund auf der radial geschnittenen Seite geringer als auf der in Sehnenrichtung geschnittenen äußeren Seite. Der Schwindprozeß ist nicht zu unterschätzen, kann er doch bei einem Eckständer von 30 cm Breite bis zu 3 cm betragen. Eine große Rolle spielt dabei der Zeitfaktor. Während Fichten- und Tannenholz günstigenfalls schon in einer Witterungsperiode lufttrocken werden kann, trocknen stärkere Eichenstämme pro Jahr von außen nach innen nur je 1 cm. Der genannte 30 cm starke Eckständer braucht also bis zu 15 Jahre zur Austrocknung, der Schwund ist dabei aber in den ersten Jahren der Trocknung sehr viel stärker als in den späteren Jahren. Da auch in früheren Jahrhunderten das Holz schon saftfrisch, das heißt direkt nach dem Fällen, verzimmert und verbaut wurde, begegnete man dem Schwundproblem, indem man die Fachwerkkonstruktion nach dem Aufschlagen und Eindecken des Daches eine Zeit stehenließ, bevor mit dem Ausfachen begonnen wurde.
Da das Holz bei feuchter Witterung aus dem Regenwasser, aber auch aus der Luft wieder Feuchtigkeit aufnimmt, bleibt der Feuchtigkeitsgehalt nicht gleich, sondern das Holz quillt und schwindet je nach Witterung, es »arbeitet«, und zwar auch noch nach Jahrhunderten. Fachwerkhölzer gehören deshalb mit dem übrigen Bauholz zu den nicht maßhaltigen Hölzern, im Gegensatz zu maßhaltigen Hölzern und Holzbauteilen, wie Fenstern, Türen und Klappläden. Das Quellen und Schwinden muß beim Anstrichmaterial und den Anstrichtechniken ebenso sorgfältig berücksichtigt werden wie bei der eventuellen Ausbildung neuer Gefache. Für die Anstrichmaterialien ergibt sich daraus die grundsätzliche Forderung nach hoher Dehnfähigkeit und Dampfdurchlässigkeit, und die Gefache müssen elastisch genug sein, um das Arbeiten des Holzes aufzufangen. In den vergangenen Jahrzehnten wurde vielfach suggeriert und versucht, Fachwerkwände völlig »dicht«, das heißt vor allem dampfdicht zu machen. Dabei ist zu berücksichtigen, daß nicht nur von außen Feuchte in die Fachwerkwände dringt, sondern unter Umständen noch mehr von innen in Form von Wasserdampf, welcher unter anderem von den Bewohnern in großer Menge verdunstet wird und der sich als Kondensat in den Wänden niederschlägt. Aus dem hier Geschilderten wird klar, daß man Fachwerkhölzer nicht dicht streichen kann. Ebenso quellen und schwinden aber auch Gefachematerialien wie Stakung, Lehm und Stroh. Selbst mit hohem Aufwand an Spachtelmassen und dauerelastischen oder dauerplastischen Präparaten kann man Fachwerkwände nicht dampfdicht machen. Im Umkehrschluß bedeutet dies, daß der Wasserdampf möglichst ungehindert die Außenwände durchwandern können muß und neue Materialien ebenfalls hoch dampfdurchlässig sein müssen, wenn keine Mängel eintreten sollen. Darüber hinaus müssen überhöhte Feuchtigkeitskonzentrationen an oder in Fachwerkwänden von außen und von innen ausgeschlossen werden. Bei stark dampfbeanspruchten Räumen, wie Küchen, Bädern oder Wäschereien, sollte eine innere Dampfsperre angeordnet werden, ebenso ist dafür zu sorgen, daß nicht Spritz- oder Regenwasser die Fassade an einer Stelle konzentriert überbeansprucht.

## Neuausfachung

11 *Typischer Befund nach der Freilegung. Durch ein undichtes Regenrohr wurde das Fachwerk an einer Stelle stark von pflanzlichen Schädlingen angegriffen. Die Gefache sind mit verschiedenen Materialien ausgefacht.*

12 *Ausfachungen mit Strohlehm und Lehmziegeln.*

13 *Neuausmauerung mit Leichtbetonvollsteinen, 2 cm hinter die Flucht zurückgesetzt, um den Putz holzbündig auftragen zu können.*

Sind noch festsitzende Strohlehmgefache von außen stark angewittert oder weisen einzelne Fehlstellen auf, so sollten diese mit Strohlehm wieder beigearbeitet werden. Das Auffüllen der Fehlstellen mit Kalk- oder Zementmauermörtel hat sich nicht bewährt.

Sind die Gefache insgesamt lose oder weitgehend zerstört, so ist eine Neuausfachung unumgänglich. In den letzten Jahrzehnten wurden kaum Lehmausfachungen hergestellt, in jüngster Zeit werden besonders unter den Aspekten des »biologischen«, besser gesunden Bauens wieder Lehmgefache gefordert und auch erstellt. Die Ausfachungstechnik mit Strohlehm hat sich nicht verändert. In die 1,5 bis 2 cm tiefen Nuten in den Fachwerkstäben werden Stakhölzer aus rohen, trockenen Eichenscheiten bis zu etwa 5 cm Stärke, in Abständen bis etwa 20 cm, stramm eingeschlagen. Um den Befall durch tierische Holzschädlinge einzuschränken, sollte man die Eichenstaken, im Gegensatz zur früher üblichen Methode, entrinden. Weiter sollten zum Auswinden der Stakung möglichst keine Weiden, sondern härtere Äste, wie Haselnußruten bis ca. 2 cm Stärke, verwendet werden, da Weiden bevorzugt schon nach kurzer Zeit Annobienbefall aufweisen. Der nicht zu fette und nicht zu magere Lehm, im Zweifelsfall mit Ton- oder Sandzusatz, muß mindestens 24 Stunden vor dem Verarbeiten mit kurz gehäckseltem, naturgedüngtem Wintergerstenstroh vermischt und gut geknetet werden. Die benötigten Materialien sind heute nicht mehr so leicht und kostengünstig wie früher zu beschaffen. Bereits einmal eingebauter und bei Abbruch anfallender Strohlehm ist nur bedingt zur Wiederaufbereitung und Neuverwendung tauglich. Insbesondere ist zu prüfen, ob das Stroh noch kräftig genug ist. Nachdem der Strohlehmmörtel ausreichend »gezogen« hat und dabei genügend sämig geworden ist, wird das Gefach beidseitig beworfen und holzbündig abgezogen. Nach dem Trocknen und kräftigen Schwinden dieser Schicht wird ein zweiter dünner Auftrag aufgebracht.

11

12

13

## Verputz der Gefache

14 Richtiger Anschluß des Verputzes an das Holz.

15 Mit Zementputz verputztes Fachwerkhaus. Die starken Zerstörungen an den Gefachrändern wegen der zu harten und starren Putzplatten sind gut zu erkennen.

Im Normalfall werden Gefache, aus welchen der Strohlehm entfernt wurde, heute ausgemauert. Das Holz soll vor der Ausmauerung lufttrocken sein, besser auf unter 16% Feuchtigkeit getrocknet sein. In den Gefachen werden mindestens dreiseitig unten und an beiden Senkrechten mittig Dreikantleisten von 1 bis 1,5 cm Stärke mit nichtrostenden, mindestens verzinkten Nägeln aufgenagelt. Die Dreikantleisten bewirken eine ausreichende Befestigung des Gefaches und sind gleichzeitig eine zusätzliche Sicherung gegen Zugerscheinungen. In die Mauerschichten eingeschlagene größere Nägel reichen im allgemeinen zur Befestigung nicht aus.

Die Ausmauerung muß elastisch genug sein, um die Schwind- und Quellbewegungen des Holzes aufzufangen, darüber hinaus soll sie möglichst gut wärmedämmen. Um einen ausreichenden Schallschutz zu bewirken, muß sie weiter über ein Mindestgewicht verfügen.

Die früheren Schwemmsteine, heute Leichtbetonvollsteine, eignen sich – nachdem sie seit Anfang dieses Jahrhunderts vielfach zum Ausmauern von Fachwerk verwendet wurden – immer noch gut, ebenso alle kleinformatigen und gut dämmenden Mauersteine. Bei Hochlochziegeln ist darauf zu achten, daß die Lagerfugen satt ausgestrichen werden, damit nicht in den Steinen kondensierendes Wasser, wie in einer Tropfsteinhöhle auf die Riegel und Schwellen trieft. Bei allen Steinarten, der Vermauerung und dem Verputz ist darauf zu achten, daß sich die Steine nicht voll Wasser saugen können, da damit wieder eine Gefahr für das Holzwerk durch langsame Wasserabgabe – und dadurch Dauerfeuchte – entstünde. Bei der Verwendung großformatiger Steine besteht die Gefahr, daß sich die Gefache sehr starr verhalten, keinesfalls sollte der Mauerverband mit Klebemörteln erzielt werden. Der Mauermörtel soll ein Mörtel der Gruppe 2 sein, mit möglichst verringertem Zementanteil. Die Ausmauerung ist um Putzstärke hinter die Außenkante des Holzwerks zurückzusetzen, bei normalem Verputz 2 cm, bei Verwendung von Dämmputzen entsprechend der vorgesehenen Putzstärke.

Die ursprünglichen Fachwerkverputze – gleich ob Lehm oder dünner Kalkmörtelauftrag – waren balkenbündig und mit der Kelle so glatt wie möglich gearbeitet. Allein schon die Bearbeitung mit der Kelle, ohne Abziehbretter und Putzscheiben, ergab eine nicht vollkommen ebene Oberfläche. Dadurch wurden die lebhaften, leicht bewegten Gefachoberflächen, welche zum typischen Fachwerkbild gehören, erreicht. Keinesfalls versuchte man gekünstelte Strukturen mit der Kelle oder anderen Geräten zu erzielen. Im 19. Jh. wurden in vielen ländlichen Bereichen auch Verputze, wie der »Münchener Rauhputz«, auf Fachwerkgefache aufgezogen. Zum Holz hin setzte man diesen dabei mit einem ca. 3,5 bis 5 cm glatten Putzstreifen, der wiederum den bündigen Anschluß herstellte, ab.

Fachwerkverputze der letzten Jahrzehnte sind leider des öfteren in pseudohistorischer Manier mit Kellenstrukturen, groben Kornzusammensetzungen oder Regenwurmmustern ausgeführt worden. Häufige technische Fehler waren das kassettenhafte Aufsetzen der Putzfelder mit dem Erfolg völlig mangelhafter Wasserführung auf der Fassade, das Aufbringen von starkem Verputz ohne Putzträger direkt auf den Lehm und insgesamt zu dichte, stark zementgebundene Putze.

Soll nicht als Ausnahmefall eine jüngere Putzfassung des 19. Jh. rekonstruiert werden, so muß möglichst der ursprüngliche Zustand des balkenbündigen mit der Kelle geglätteten Putzes erreicht werden – dies zumindest optisch auch bei schon balkenbündig ausgemauerten Gefachen.

Noch vorhandene intakte Lehmstakungen sollten allein schon wegen ihrer guten Eigenschaften, wie guter Wärmedämmung, sehr guter Wärmespeicherung, guter Schalldämmung und gutem Dampf- und Temperaturausgleich, erhalten werden. Der früher auf dem Lehm übliche einfache Kalkanstrich kann dagegen heute kaum noch angewendet werden, da der Kalk von der Witterung, insbesondere dem schwefelsäurehaltigen Regen, zu stark angegriffen wird und zu schnell abwittert. Sollte dennoch mit Kalkmilch als Anstrich gearbeitet werden, so muß der Lehm vor

14

15

*16 Zwei Fehler haben zum schnellen Abplatzen dieses Putzes geführt: Zum einen wurde der Verputz weit über das Holz gezogen, zum anderen baute man keinen Putzträger ein.*

*17 Fachwerkuntypisch und technisch völlig falsch ist die Kassettierung der Gefache; vielmehr muß der Gefachputz schräg an die Holzkante geführt werden, um den Wasserabfluß auf der Fassade nicht zu hemmen.*

*18 Ebenso falsch ist das Aufnageln von Latten, um über diese den Putz abzuziehen. Auch hierbei entstehen Kassetten mit scharfen Kanten, die durch den Wasserstau auf der Fassade zu Schäden führen müssen.*

*19 Putzträger in Form von Flachrippenstreckmetall, seitlich an die Fachwerkhölzer genagelt. (Die Rippen wurden hier ausnahmsweise nach außen gesetzt.)*

*20 Die Skizze zeigt im linken Schnittbild ein außen unverputztes Lehmgefach. Im mittleren Schnitt sind die Kanten des Lehms schräg abgenommen, um den Putzträger am Holz befestigen zu können. Im rechten Schnittbild sind der Putzträger und Putz aufgebracht; der Verputz ist richtig schräg an die Hölzer angezogen.*

16

17

dem Streichen gut angefeuchtet werden. Zur besseren Beständigkeit sollte man möglichst Sumpfkalk verwenden.
Ein dünner Kalkputz – direkt auf dem Lehm – hat ebenfalls nur eine sehr begrenzte Lebensdauer. Soll diese Technik angewendet werden, so muß der Lehm vorher gut angefeuchtet werden. Weiter ist der Lehm aufzurauhen – möglichst mit der Kelle einzuritzen – um die Haftfestigkeit zu verbessern, da der Kalkputz auf dem Lehm nur mechanisch haftet. Um diese Haftung weiter zu verbessern, ist es ratsam, zunächst einen dünnen Kalkmilchanstrich aufzubringen. Der Kalkputz selbst darf ebenso nur einige Millimeter stark sein, das heißt, es muß ein sehr feiner Sand als Zuschlagstoff verwendet werden. Die besten Ergebnisse sind auch hier mit Sumpfkalkmörteln zu erwarten. Wird ein zusätzlicher Kalkanstrich aufgebracht, so sollte er naß in naß, also in Freskotechnik, gestrichen werden.

**Putzträger**

Um einen widerstandsfähigen, langlebigen Verputz auf den Lehmgefachen zu erzielen, wird im Normfall ein Putzträger aufgebracht. Dazu muß bei bündiger Lehmausfachung seitlich zum Holz schräg etwas Lehm abgenommen werden, um auf den Seiten der Fachwerkhölzer mindestens 2 cm frei stehen zu haben. Auf diesem Streifen wird der Putzträger befestigt, und der Putz muß später nicht auf Null auslaufen. Liegt der Strohlehm weit genug zurück, so ist eine solche Maßnahme nicht notwendig.
Vor dem Aufbringen neuer Materialien, wie dem Putzträger, wird der Holzschutz – möglichst gleichzeitig als Grundierung für den späteren Anstrich – aufgebracht. Dadurch umfaßt der Holzschutz viel Holzoberfläche, und weniger Anmachwasser und damit auch weniger Bindemittel dringen in das Holz ein.
Als Putzträger kann Rabbitzdraht verwendet werden, aber auch verzinkter sogenannter Hasendraht, verzinkter gespannter Draht oder verzinktes Flachrippenstreckmetall. Der Putzträger wird seitlich an das Holz in die Gefache genagelt. Müssen Putzträger, wie Streckmetalle oder Hasendraht, gestoßen werden, so ist auf mindestens 15 cm Überdeckung zu achten. Die nicht verzinkten Schnittenden des Putzträgers sind möglichst zum Lehm hin zu drücken, um spätere Rostflecken zu vermeiden. Weiter müssen alle Befestigungsmaterialien rostfrei, also mindestens verzinkt sein. Über den Putzträger wird der Verputz nicht mit dem Lehmgefach, sondern mit den Fachwerkhölzern verbunden. Der Verputz wird dabei nicht von den Quell- und Schwindbewegungen des Strohlehms in Mitleidenschaft gezogen.
Auf den Putzträger wird dann ein höchstens zur Hälfte deckender Spritzbewurf

18

19

20

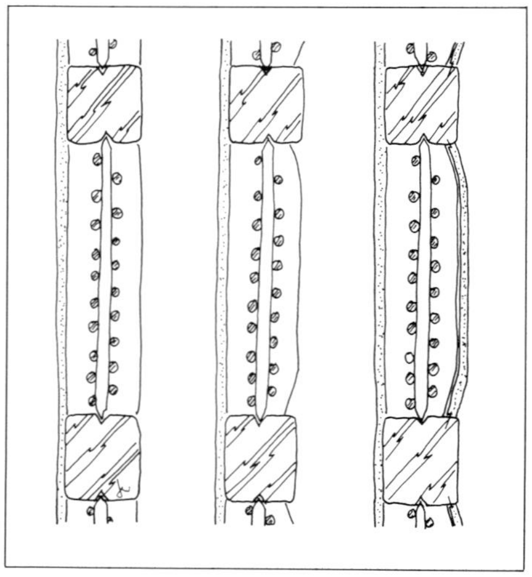

aufgebracht, und darauf folgt ein zweilagiger Verputz von ca. 2 cm Stärke. Wichtig ist dabei, daß der Putz auf den Holzkanten ausläuft. Bei nicht scharfkantigen Hölzern muß der Putz etwas nach innen gezogen werden, keinesfalls darf er außen über die Hölzer übergreifen.
Alle anderen Arten des Anschlusses von Verputz an Fachwerkhölzer oder der Ausbildung von Putzkanten sind ungeeignet. So ist es falsch, Latten auf die Fachwerkhölzer zu nageln, zwischen diesen den Putz aufzubringen und über die Latten glatt abzuziehen. Ebenso falsch ist das Ausbilden von Kassetten mit wenig abgeschrägten Kanten. Bei solchen Putzausbildungen fließt das Regenwasser an der Fassade nicht auf dem schnellsten Wege ab, sondern staut sich auf den Putzkanten, dringt mehr als erforderlich in den natürlichen Haarriß zwischen Holz und Putz ein und führt dort zu Schäden. Bei annähernd flächig an die Holzkanten anschließendem Putz (die Schrägen weit in das Gefach gezogen) dringt nur wenig Feuchtigkeit in den Haarriß und tritt durch diesen Haarriß auch wieder aus oder diffundiert durch Holz und Putz.
Der Putz wird mit der Kelle aufgetragen und im Normfall auch mit der Kelle handwerklich so gut wie möglich geglättet. Reibebretter sollen nur in Ausnahmefällen verwendet werden. Beim Glätten darf der Putz nicht totgerieben werden. Durch zu langes Bearbeiten wird zuviel Bindemittel an die Oberfläche gezogen, und dabei entsteht eine sehr glatte bindemittelangereicherte Schicht mit großer Neigung zur Haarrißbildung.
Bei Ausmauerungen mit getrockneten Lehmziegeln ist ebenfalls ein Putzträger erforderlich. Sind gebrannte Ziegel mit Lehmmörtel vermauert, so muß ein Putzträger aufgebracht werden, oder die Fugen sind tief auszukratzen, um dem Putzmörtel eine Haftmöglichkeit zu geben.
Bei Ausmauerung mit Schwemmsteinen, gebrannten Ziegeln usw. ist meist kein Putzträger erforderlich, es wird direkt auf die Ausfachung geputzt.

**Mörtelrezepte für den Neuverputz**

Die Putzmischungen können in folgender Weise gewählt werden:

*Kalkmörtel oder Sumpfkalkmörtel mit Zementzusatz*

| | | | |
|---|---|---|---|
| Spritzbewurf | 1 | RT | Zement |
| | 3 | RT | Sand (0 bis 8 mm) |
| Unterputz | 3,5 | RT | Kalk oder Sumpfkalk |
| | 1,5 | RT | Zement |
| | 15 | RT | Sand (0 bis 6 mm) |
| Oberputz | 4 | RT | Kalk oder Sumpfkalk |
| | 1 | RT | Zement |
| | 15 | RT | Sand (0 bis 4 mm) |

*Trasskalkmörtel mit Zementzusatz*

| | | | |
|---|---|---|---|
| Spritzbewurf | 1 | RT | Trasszement |
| | 3 | RT | Sand (0 bis 8 mm) |
| Unterputz | 1 | RT | Trasszement |
| | 1 | RT | Trasskalk |
| | 6 | RT | Sand (0 bis 6 mm) |
| Oberputz | 2 | RT | Trasskalk |
| | 6 | RT | Sand (0 bis 4 mm) |

oder

| | | | |
|---|---|---|---|
| Spritzbewurf | 1 | RT | Trass |
| | 1 | RT | Zement |
| | 6 | RT | Sand (0 bis 8 mm) |
| Unterputz | 1 | RT | Trasskalk |
| | 3 | RT | Sand (0 bis 6 mm) |
| Oberputz | 1 | RT | Trasskalk |
| | 3,5 | RT | Sand (0 bis 4 mm) |

Wird für den Unterputz und Oberputz Sand mit gleicher Kornzusammensetzung verwendet, so muß der Raumanteil (RT) des Sandes für den Oberputz um 15 bis 25% erhöht werden. Als Sand ist scharfer Flußsand ohne schädliche Bestandteile zu verwenden. Insbesondere tonige und lehmige Anteile sind schädlich.
Bei den Rezeptvorschlägen für den Gefachverputz gelten selbstverständlich alle grundsätzlichen Putzregeln. So muß der Verputz von innen nach außen, vom Spritzbewurf zum Oberputz magerer werden, um ein Dampfgefälle von innen nach außen aufrechtzuerhalten und Spannungsrisse im Putz auszuschalten.

Bei Sommerhitze oder starkem Wind wird dem Putzmörtel zu schnell das Anmachwasser entzogen, und es besteht die Gefahr von Schwindrissen. Bei den entsprechenden Wetterlagen sollte deshalb möglichst kein Verputz auf Fachwerk ausgeführt werden, andernfalls müssen Gegenmaßnahmen, wie Feuchthalten oder Abschirmen mit angefeuchteten Jutebahnen (ca. 14 Tage lang), getroffen werden. Hierauf muß besonders bei Trasskalkmörtel geachtet werden, da dieser hydraulisch aushärtet.
Die nächstfolgende Putzlage darf immer erst nach genügendem Anziehen der vorhergehenden Schicht aufgetragen werden. Wenn eine Mörtelschicht schon stark ausgetrocknet ist, muß vor dem folgenden Auftrag gut angenäßt werden.
Wesentlich besser ist die Verwendung von Trass und Trasskalk für Fachwerkverputze gegenüber stark zementhaltigen Mörteln. Trasskalkputze besitzen eine hohe Elastizität und eignen sich deshalb gut zum Auffangen der Bewegungen des Holzes ohne Rißgefahr. Weiter ist Trasskalkmörtel sehr geschmeidig, witterungsbeständig, schlagregenhemmend, gut dampfdurchlässig und besitzt eine hohe Festigkeit. Um die thermische Ausdehnung des Putzes zu verringern, können beim Trasskalkputz bis zu 50% des Quarzitsandes durch Kalkbruchsand ersetzt werden. Der Kalkbruchsand sollte für den Unterputz Korngrößen von 2 bis 8 mm aufweisen, für den Ober-

21

*21 Richtige Ausbildung der Putzkanten an den Gefachrändern.*

22 Nur schwach sichtbare Befunde an einem Gebäude in Quedlinburg aus dem 16. Jahrhundert.

23 Befund von Beschlagwerkbemalung aus der Renaissance am Fachwerk im ehemaligen Zisterzienserinnenkloster Heydau in Altmorschen.

putz 2 bis 4 mm. Der Trass ist zunächst trocken mit dem Sand zu mischen, dann werden Kalk und Wasser oder Kalkteig hinzugemischt.

Als Kalk sollte gelöschter Sumpfkalk mit Einsumpfungszeiten von mehr als 30 Monaten verwendet werden, da auch dieser die Mörteleigenschaften wesentlich verbessert. Der Sumpfkalk muß einen Tag vor Verarbeitung ohne Wasserzugabe innig mit den Zuschlagstoffen gemischt werden, Wasser soll erst am Verarbeitungstag zugegeben werden.

Besonders in den spitzen und langen Ecken von Fachwerkgefachen neigt der Putz bei Holzbewegungen zum Abplatzen: Deshalb sollte zumindest der Oberputz mit Rinderhaaren bewehrt werden. Die Haare dürfen nicht zu fettig und nicht verfilzt sein, das heißt, sie müssen aufgearbeitet werden.

Sollte sich trotz geringen Glättens mit der Kelle auf der Oberfläche zuviel Bindemittel konzentriert haben, so muß diese zu fette Schicht durch Fluatierung angeätzt werden.

Fertigmörtel sind wegen des höheren Zementanteils weniger geeignet als die oben aufgezeigten Kalk-, Sumpfkalk- und Trasskalkmörtel. Ein hoher Zementanteil führt zu starren Putzplatten, damit zu Rissen oder zum leichten Lösen dieser Putzplatten, und die Bewegungen zwischen Holz und Putztafeln können nicht aufgefangen werden. Sollte bei einfachen Fachwerken dennoch Fertigmörtel zum Einsatz kommen, so wird empfohlen, diesen mit Sand und Kalk zu verlängern. Es ist auch möglich, den Spritzbewurf und Unterputz mit PM-Binder zu mischen, dem Oberputz wird dann Kalk beigegeben, um den prozentualen Zementanteil zu verringern.

Die Bedeutung von Originalfarbbefunden wird allgemein unterschätzt. Dabei ist es keinesfalls ein Zeichen von Einfallslosigkeit des Malers, wenn er sich auf Befunde stützt, sondern die sicherste Basis für Neufassungen. Bei Baudenkmälern soll der historische Befund immer erstes Kriterium für zukünftige Behandlungen und Fassungen sein.

Im günstigsten Falle wird ein Restaurator, der über dementsprechende Kenntnisse, Erfahrungen, Werkzeuge und Chemikalien verfügt, zur Befundsuche herangezogen. Aber auch der erfahrene Maler ist in der Lage, Befunde aufzuspüren und zu analysieren. In den häufigsten Fällen muß der Maler die Untersuchungen selbst vornehmen, da kein Restaurator hinzugezogen wird.

Schon beim Abnehmen von Verputz oder Verkleidungen muß mit äußerster Sorgfalt auf historische Farbbefunde auf dem Holz und den Gefachen geachtet werden, viel mehr aber noch bei der Reinigung des Holzes und der Entfernung von Altanstrichen. Sind insgesamt nur noch wenig Farbspuren erhalten, so ist die Befundsuche an geschützten Stellen, wie Dachvorsprüngen und in Holzrissen oder klaffenden Holzverbindungen, hilfreich. Die anzutreffenden Befunde sind sehr unterschiedlich – einmal handelt es sich um wandgroße Flächen, auf denen die Holz- und Gefachefarben sowie Begleiter und Ritzer genau zu erkennen sind, in anderen Fällen ist nur noch ein dünner Farbschimmer auf der Holzoberfläche wahrzunehmen.

Schwierig wird das Analysieren und Zuordnen von Befunden bei vielen aufeinanderliegenden Farbschichten. Zur Befunduntersuchung gehören deshalb nicht nur detaillierte Kenntnisse historischer Farbgebungen, sondern auch handwerkliche Erfahrung und großes Fachwissen im Bereich der Farbchemie.

Bei der Befundsuche nach ursprünglichen Fachwerkfarbfassungen ist zum Beispiel zu berücksichtigen, daß die Gerbsäure der Eiche oft die Farbe abgedrückt hat und die Holzfarbe deshalb in kleineren oder größeren Partien nur noch auf dem anschließenden Putz zu finden ist. Weiter ist zu beachten, daß die Pigmente sich unter Umständen im Laufe von Jahrhunderten verändert haben, zumindest verschmutzt oder nachgedunkelt sind.

Nach Möglichkeit sollte ein Stück des Originalbefundes abgenommen und zum Beispiel in einem Gipsbett gesichert werden. Bei der ebenfalls notwendigen Dokumentation mittels Farbfotografien muß besonders vor Farbverfälschungen gewarnt werden.

22

23

# Entfernung von Altanstrichen und Anstrichvorbereitung

*24 An diesem sandgestrahlten Holz ist sichtbar, daß die weicheren Jahrringteile stärker angegriffen wurden und eine rauhe unnatürliche Struktur entstand.*

*25 Mit der Drahtbürste behandeltes und damit gut für den Anstrich vorbereitetes Holz.*

*26 Bei von einem Motor betriebenen Bürsten sind möglichst weiche Bürstenköpfe einzusetzen, oder es darf nur in Faserrichtung gearbeitet werden.*

Die Qualität von Malerarbeiten an Fachwerkgebäuden hängt entscheidend ab von der Anstrichvorbehandlung, und zwar mehr als bei der Sanierung verputzter Gebäude und viel mehr als beim Anstrich neuer Gebäude. Zunächst werden wie in der VOB, Teil C, beschrieben, die Anstrichuntergründe untersucht. Der abgelagerte Schmutz und Staub sowie alle losen Anstrichreste und Holzteile werden mit der Drahtbürste entfernt. Größere Fehlstellen im Holz, Schäden tierischer und pflanzlicher Holzschädlinge müssen durch Auswechseln der Holzteile oder Reparieren mit mindestens bohlenstarkem, trockenem Holz der gleichen Holzart behoben werden. Diese Arbeiten sind nicht im Rahmen von Malerarbeiten zu erfüllen, sondern gelten als Zimmerarbeiten (s. hierzu Fachwerk, Band I).
Festsitzende Altanstriche müssen nicht immer, aber meist entfernt werden, da sie oft bereits zu dichte Anstrichfilme bilden. Nur wenige Methoden sind dafür gut geeignet:

*Abbrennen* ist ungeeignet, weil die Gefahr zu starker Ankohlung der Fachwerkhölzer besteht. Auch wenn die leicht angekohlten oder angerußten Flächen mit der Drahtbürste behandelt werden, zeichnen sich diese Flächen mehr oder weniger deutlich ab.

*Abbeizen mit Abbeizfluiden* ist nur bedingt tauglich. Das Abbeizmittel muß bei starken Farbschichten packungsartig pastös aufgetragen werden. Sind damit immer noch nicht alle Farbschichten gelöst, so muß der Arbeitsgang einmal oder mehrfach wiederholt werden. Die angelösten Altanstriche werden mit dem Spachtel abgenommen. Wichtig ist, daß möglichst wenig Material des Abbeizfluides in das Holz eindringt. Deshalb dürfen immer nur kleinere Einheiten des Holzwerks mit dem Präparat behandelt werden, und die Reste der Chemikalien müssen vollständig beseitigt werden. Bei einem Teil der Mittel muß mit Verdünnung nachgewaschen werden, im Normfall mit viel Wasser. Es dürfen weder Säure noch alkalische Bestandteile im Holz zurückbleiben, bei letzteren besteht besonders die Gefahr des späteren Durchschlagens. Fluide, welche die Holzinhaltsstoffe anlösen, sind gänzlich ungeeignet, da sie das Holz im Oberflächenbereich »ausbluten« lassen. Das gut nachgewaschene Holz muß mindestens vier Tage, besser acht Tage zur Ausdünstung von Chemikalienresten unbehandelt bleiben.

*Anlaugen mit Soda oder Natron,* verdickt mit Kalk oder Sägemehl, ist ungeeignet, da Eichenholz zum Beispiel bei dieser Art des Abbeizens schwarz wird. Die Schwärze läßt sich notfalls mit Wasserstoffoxid bleichen, welches wiederum mit Salmiakgeist neutralisiert werden muß.

*Sandstrahlen* ist ebenfalls ungeeignet, da auch bei feinem Sand und sensibler Druckeinstellung nicht ausgeschlossen werden kann, daß geschnitzte Teile, mehr aber noch die weichen Splintholzanteile, weggeblasen werden und Rundholz oder Fachwerk mit sehr runden Kanten übrigbleibt.

*Abbürsten* mit motorgetriebenen, rotierenden Stahlbürsten birgt ähnliche Gefahren, wenn nicht mit sehr weichen Bürsten gearbeitet wird.

*Abbürsten mit der Drahtbürste* ist die beste Art der Entfernung von Altanstrichen. Diese Methode läßt sich jedoch nicht immer anwenden, da sich die Schichten unter Umständen nicht mit der Drahtbürste lösen lassen oder der Arbeitsaufwand zu hoch wird.

*Abbrennen mit Heißluftgeräten* bei hohen Temperaturen ist nach dem Abbürsten die geeignetste Methode, starke Farbschichten zu entfernen. Hierbei ist auch bei vielen Anstrichschichten nur ein Arbeitsgang notwendig. Die gelösten Farbreste werden mit dem Spachtel abgenommen, und mit der Drahtbürste wird nachgearbeitet. Das Holz wird dabei weder mechanisch beschädigt, noch dringen Chemikalien ein.

24

25

26

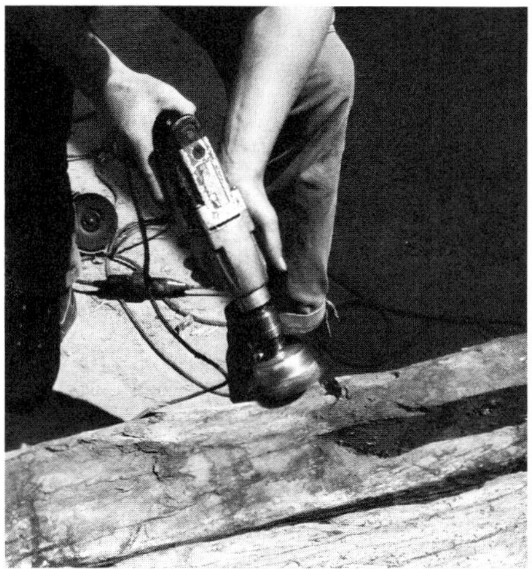

# Ausspänen, Kitte und Spachtelmassen

Nach Entnagelung, Säuberung und Entfernung der Altanstriche müssen die Risse, Spalten, klaffenden Holzverbindungen und kleineren Fehlstellen beurteilt und behandelt werden. Die über 1 cm breiten Risse und klaffenden Verbindungen sollen ausgespänt, das heißt mit trockenen, ungehobelten Holzleisten der gleichen Holzart wie das Fachwerkholz stramm ausgekeilt werden. Risse unter 1 cm – wenn diese nicht durch das Holz hindurchgehen oder Wasser in ihnen stehenbleiben kann – sollen unbehandelt bleiben, sie werden später tief ausgestrichen. Die durch Unregelmäßigkeiten und Risse vergrößerte Holzoberfläche ist bauphysikalisch günstig, da dadurch die Oberfläche zum Verdunsten von eingedrungener Feuchtigkeit größer ist. Das Ausspachteln ist zu vermeiden. Nur in Ausnahmefällen, zum Beispiel bei Rissen, in denen Wasser stehenbleibt, kann mit einer für außen geeigneten, nicht völlig aushärtenden Spachtelmasse gearbeitet werden. Keinesfalls darf die Holzoberfläche auf Fachwerk vollflächig verspachtelt werden. Bei Kitten und Spachtelmassen, die auf dem Altholz nur bedingt haften, ist zu beachten, daß sich durch die Bewegung des Holzes die Kittstellen oft schnell wieder lösen. Bei vollflächigen Spachtelungen wird das Holz darüber hinaus weitgehend abgesperrt, die Spachtelmasse abgedrückt, und es kommt hier zu Schäden.

27

# Der Anstrich auf den Fachwerkhölzern

### Holzschutz und Grundierung

Anstrichtechnisch sind mehrere Produktgruppen für die farbliche Fassung von Fachwerkhölzern geeignet. Auf die grundsätzlichen bauphysikalischen Gegebenheiten – die Nichtmaßhaltigkeit der Fachwerkhölzer und möglichst hohe Dampfdurchlässigkeit – muß dabei nochmals hingewiesen werden.
Die Holzschutzbehandlung nach DIN 68 800 sollte nach Möglichkeit gleichzeitig die Grundierung für den Anstrich bilden und, wie oben erläutert, bei Neuverputz vor dem Verputzen ausgeführt werden. Für Anstriche auf Lasur- oder Dispersionsbasis eignen sich öl- oder lösungsmittelhaltige Holzschutzgrundierungen. Vor der Holzschutzbehandlung ist zu untersuchen, ob noch lebender Befall tierischer oder pflanzlicher Schädlinge im Holz vorhanden ist und um welche Art von Schädlingen es sich handelt, damit die Behandlung darauf abgestimmt werden kann.
Bei noch vorhandenem Schädlingsbefall sind bekämpfende Präparate mit den Prüfzeichen

- P wirksam gegen Pilze (Fäulnisschutz),
- Ib bekämpfend wirksam gegen Insekten

zu verwenden, andernfalls muß das Mittel vorbeugend mit den Prüfmerkmalen

- Iv vorbeugend wirksam gegen Insekten,
- (Iv) nur bei Tiefschutz vorbeugend wirksam gegen Insekten,
- P wirksam gegen Pilze (Fäulnisschutz)

ausgestattet sein.

Die weiteren Prüfzeichen sind:

- S auch zum Spritzen, Streichen oder Tauchen geeignet,
- (S) nicht zum Streichen, jedoch zum Tauchen sowie zum Spritzen von Bauhölzern in stationären Anlagen zugelassen,
- W geeignet für Holz, das der Witterung ausgesetzt ist,
- (W) bei Tiefschutz wird eine begrenzte Wetterbeständigkeit erreicht,
- F geeignet zum Schwerentflammbarmachen des Holzes (Feuerschutz).

*27 Das dauerelastische Material in der Fuge zwischen Holz und Steinausfachung hat sich schon zum Teil gelöst und stellt jetzt eine große Gefahr für das Holz dar.*

*28 Typisches Schadensbild des Hausbocks nach Entfernung der hauchdünnen Schicht stehengebliebenen Holzes.*

*29 Fruchtkuchen des Echten Hausschwamms.*

Vor der Holzschutzbehandlung sind alle von tierischen und pflanzlichen Holzschädlingen angegriffenen oder vermulmten Holzteile abzubeilen, besonders wichtig ist dies bei noch frischem Befall. Abgebeilte Holzteile mit lebendem Befall müssen sofort verbrannt werden. Bei Schäden durch den Echten Hausschwamm müssen besonders sorgfältige Vorkehrungen getroffen werden, unter anderem müssen alle Holzteile mit einem Sicherheitszuschlag von 1 m um die äußersten Befallstellen ausgewechselt und verbrannt werden. Normalerweise ist bei Fachwerkfreilegungen nicht mit Echtem Hausschwamm zu rechnen.
Zur Bekämpfung eventuell noch vorhande-

28

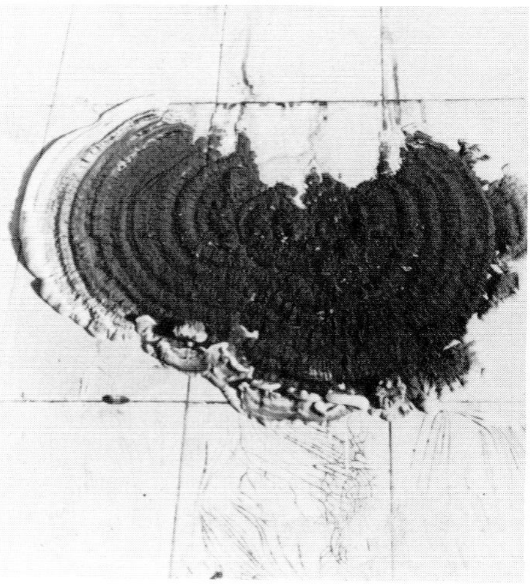

29

*30 Proben des Abstands und der Breite von Begleitern und Ritzern.*

*31 Beispiel für gut ausgekeiltes Holz, richtigen Putzanschluß und nicht mit dem Lineal gezogenen Beschneidungskanten und Ritzern.*

ner tierischer oder pflanzlicher Schädlinge oder zur Vorbeugung solcher Schädlinge und zur Grundierung für den späteren Anstrichaufbau ist das Schutzmittel in der nach Werksvorschrift vorgesehenen Mindestmenge auf alle erreichbaren Teile der Fachwerkhölzer aufzubringen. Die Schutzvorschriften, besonders für PCP-haltige Mittel, sind genau zu befolgen. Holzschutzsalze eignen sich für eingebautes Fachwerk mit noch vorhandenen Ausfachungen weniger.

Alle Arten von Holzschutzmitteln können bei eingebautem Fachwerk mit erhaltenen Ausfachungen nur durch Streichen aufgebracht werden. Wenn die Ausfachungen entfernt sind, kann das Holzschutzpräparat auch aufgespritzt werden. Ist es erforderlich, wegen der Gefahr noch vorhandener Schädlinge die Schutzmittel tief in das Holz einzubringen, so stehen besondere Verfahren wie Bohrlochimprägnierung und Druckinjektion zur Verfügung.

Bei frischem Schädlingsbefall ist darauf zu achten, daß benachbarte Bauteile aus Holz, zum Beispiel Dachstuhl und Dachhaut, ebenfalls mit bekämpfenden Holzschutzmitteln behandelt werden. Für nicht ausgebaute Dachstühle eignen sich auch Holzschutzsalze. Da die wassergelösten Präparate mit Erkennungsfarben ausgestattet sind, ist sorgfältig zu arbeiten, um ein Verfärben von angrenzenden Decken- oder Wandteilen zu vermeiden. Neu einzubauende (ausgewechselte) Holzteile sollen vor dem Verzimmern kesseldruckimprägniert werden oder nach dem Verzimmern und vor dem Einbau mittels Trogtränkung – Kurztauchen reicht im allgemeinen nicht – geschützt werden.

30

### Leinöl/Standöl

Pigmentierte Anstriche auf Leinölbasis ergeben deckende, zuerst meist glänzende, dann mehr und mehr matt werdende Anstrichfilme. Da mehrere Leinöl- oder Standölschichten einen sehr dichten Film ergeben, der die Wasserdampfdurchlässigkeit des Holzes stark mindert, sind Anstriche auf dieser Basis nur sehr bedingt für Fachwerk tauglich. Gut zu verwenden sind Ölanstriche überall dort, wo schon seit vielen Generationen die Fachwerkhölzer mit Ölfarben behandelt wurden und die öligen Bestandteile früherer Anstriche tief in das Holz eingedrungen sind. Auf solchen, praktisch dauerhaft tiefgrundierten Anstrichen können (auch nach dem Abbeizen) nur Ölanstriche oder auf Öl gut haftende Anstriche aufgebracht werden.

Für Leinöl- und Standölanstriche sind auf jeden Fall ein gutes Fachwissen und viel Erfahrung notwendig. Nach der »Anordnung über die Verwendung ölhaltiger Bindemittel für Anstrichzwecke« der Überwachungsstelle für industrielle Fettversorgung vom 21. Nov. 1935[55] wurden schon

31

vor dem letzten Krieg die Techniken mit Leinöl und Standöl stark eingeschränkt, und mit dem Aufkommen der industriell fertig konfektionierten Ölfarben schrumpften die Erfahrungen mit den vom Maler selbst anzumischenden Farbsystemen.
Auf die Grundierung mit leinölverträglichen Holzschutzmitteln werden zwei bis drei pigmentierte Leinölfirnisanstriche aufgetragen. Darauf folgt ein Schlußanstrich mit pigmentiertem Leinölfirnis mit etwa 10% Standölzusatz. Das Standöl wird gewonnen, indem Leinöl in gläsernen, offenen (zur Sauerstoffzufuhr) Behältern über längere Standzeit dem Licht ausgesetzt wird. Das Öl bleicht dabei, wird heller und durch den Verlust an wässrigen Bestandteilen fetter. Mit dem Standölzusatz wird die Wetterbeständigkeit von Leinölanstrichen wesentlich verbessert. Als Grundierung für Lein- und Standölanstriche hat sich besonders das basische Bleiweiß mit Leinöl bewährt.
Wichtigste Regel (umgekehrt wie beim Verputz) bei Ölanstrichen ist, daß die Anstriche in ihrer Fettigkeit von unten nach oben zunehmen müssen, das heißt, der erste Anstrich muß relativ mager sein, und die darauf folgenden sollen fetter werden. Wird gleichmäßig fett oder bei den oberen Anstrichschichten sogar magerer gearbeitet, so entstehen durch Spannungen und Schrumpfungen netzartige Risse: die leider so oft zu beobachtenden Krakeluren. Der Schlußanstrich mit Standölzusatz muß dünn aufgetragen werden, da er zum einen nur sehr langsam auftrocknet, zum anderen bei dickem Auftrag die Gefahr von Kräuselungen besteht.
Wird im Gebäude Fachwerk sichtbar stehengelassen, so eignen sich Leinölanstriche mit oder ohne Pigmentierung gut. Als Pigmente kann man hier auch heute noch Kienruß oder feingemahlene Holzasche verwenden.

**Lasuren**

Ungeschütztes, der Witterung ausgesetztes Holz wird von der ultravioletten Strahlung der Sonne stark angegriffen. Diese greift dabei besonders die Holzinhaltsstoffe an. Von den äußeren Schichten des Holzes bleiben nur die Zellwände, die weißlich oder silbergrau erscheinen, stehen. Eine wichtige Eigenschaft von Fachwerkanstrichen muß der Schutz vor ultravioletter Strahlung sein.
Lasuranstrichstoffe wurden aus Holzschutzmitteln unter Zugabe von Pigmenten entwickelt. Es gibt sogenannte Dünnschichtlasuren, die, mehr imprägnierend, keine oder nur sehr dünne Anstrichfilme bilden und bindemittelreichere, filmbildende Dickschichtlasuren.
Der Vorteil von Lasuren auf Öl- oder Lösungsmittelbasis liegt in einem niedrigen Wasserdampfdurchlaßwiderstand, der eine ausreichend schnelle Wasserverdampfung aus dem Holz zuläßt, weiter im Abwittern ohne Abblättern, das heißt ohne ein auffälliges Schadensbild, in der leichten Verarbeitung – bei Wiederholungsanstrichen praktisch ohne Vorarbeiten – und in dünnen oder keinen Anstrichfilmen, wobei das Holz in seiner natürlichen Struktur sichtbar bleibt.
Der Nachteil von nicht filmbildenden Lasuranstrichen liegt in der schnellen Verwitterung, im »Auswaschen« der Farbpigmente und damit zunehmender Vergrauung des Holzes, so daß Überholungsanstriche bereits nach zwei bis drei Jahren notwendig werden. Dem kann etwas entgegengewirkt werden, indem der letzte Anstrich mit einer Dickschichtlasur verschnitten oder ganz in Dickschichtlasur ausgeführt wird. Dabei ist zu beachten, daß bei zunehmender Dicke der Schicht die Wasserdampfdurchlässigkeit sinkt und die Holzstruktur mehr und mehr zugestrichen wird.
Nicht unbedingt als Nachteil anzusehen, aber beachtet werden müssen die leichte Bildung von Luftrissen in der Holzoberfläche bis zu einer Tiefe von einigen Millimetern und das durch die größere Dampfdurchlässigkeit bedingte stärkere Quellen und Schwinden im Rhythmus trockener und feuchter Jahreszeiten, ebenso wie die stärkere Aufheizung bei sehr dunklen Pigmentierungen.
Auf Fachwerk werden die Lasuren aufgestrichen. Das Lasuranstrichmittel soll stark pigmentiert sein, um einen guten Schutz des Holzes gegen UV-Strahlung zu erreichen. Die Holzfeuchte muß unter 20% liegen. Bei alten, trockenen Fachwerkhölzern, besonders nach Freilegung von unter Putz liegendem Fachwerk, sind drei bis fünf Anstrichgänge notwendig, da die dünnflüssigen Lasuren stark von dem trokkenen Holz aufgesaugt werden. Wegen der nur kurzen Lebensdauer und der Tatsache, daß Lasuren eigentlich fachwerkuntypisch sind, eignen sich diese auch nur bedingt.

**Dispersionsfarben für bewitterte Holzoberflächen**

Für bewitterte, nicht maßhaltige Hölzer wurden speziell eingestellte Dispersionsfarben entwickelt. Diese Anstrichstoffe sind teilweise fungizid oder holzkonservierend gegen Fäulnispilze ausgerüstet. Die vorteilhaften Eigenschaften dieser Dispersionsfarben für Fachwerk liegen in der hohen Elastizität und Wasserdampfdurchlässigkeit. Damit sind die Anstriche in der Lage, die Quell- und Schwindbewegungen des Holzes aufzufangen, ohne abzureißen oder abzublättern, und Wasserdampf kann sich nicht unter den Anstrichfilmen sammeln und zu Blasen und Abplatzungen führen.
Holzschutzgrundierungen auf Öl- oder Lösungsmittelbasis sind ideale Grundierungen für die entsprechenden Dispersionen. Diese sollen in zwei Anstrichgängen aufgebracht werden. Der erste Anstrich kann mit 10% Wasser verdünnt werden, um die Farbe dünnflüssiger einzustellen und eine bessere Haftung zu erreichen. Der Schlußanstrich soll unverdünnt aufgebracht werden. Mehr als zwei Anstrichschichten werden nicht empfohlen, da andernfalls durch zu große Schichtdicken der Dampfdurchgang eingeschränkt und das Holz sogar »zugestrichen« wird, das heißt, die natürlichen Strukturen des Holzes würden von der Farbschicht ver-

*32 und 33 Fehlerhafte und dadurch mit Krakeluren übersäte und zerfurchte Ölanstriche.*

*34 und 35 Abgewitterte und abgeplatzte Lasur- und Dispersionsanstriche.*

*36 bis 38 Zu dichte Anstrichfilme auf Putz und Ausfachungsmauerwerk haben nicht nur zu Anstrichmängeln, sondern auch zu schweren Untergrundschäden geführt.*

*39 und 40 Fehlstellen durch starken Kittauftrag beziehungsweise schlechte Haftung zwischen Kitt und Anstrichmittel.*

32

33

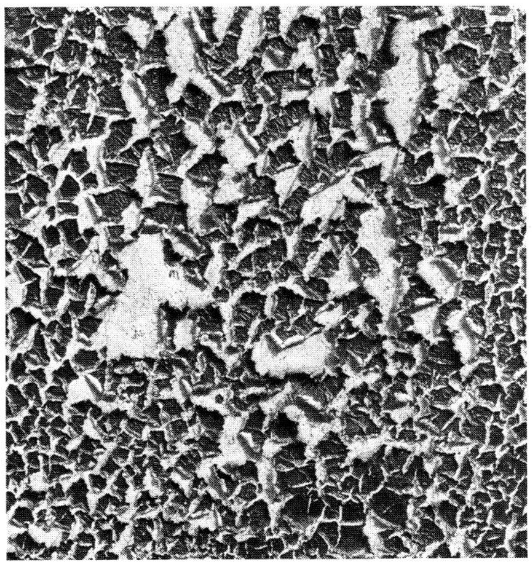

34

35

36

37

38

39

40

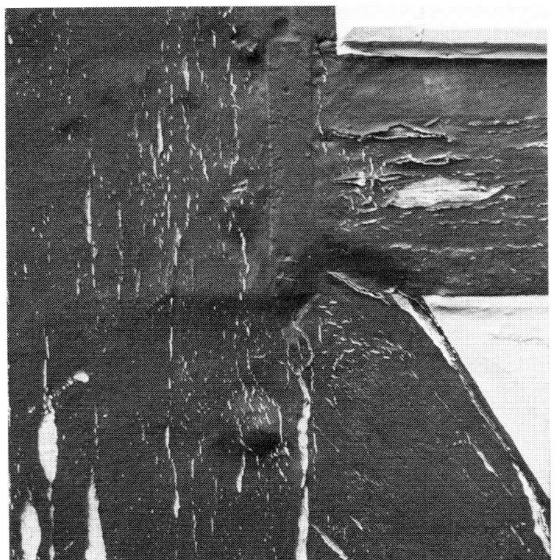

deckt. Umgekehrt wird ebenso davon abgeraten, den ersten Anstrich um mehr als 10% und den Schlußanstrich überhaupt zu verdünnen, um etwa einen »lasierenden« Effekt zu erreichen. Bei zu starker Verdünnung wird der Bindemittelanteil zu gering, die Elastizität des Anstrichfilms geht verloren, und der Farbaufbau neigt stärker zum Reißen. Das Holz darf beim Anstrich mit geeigneten Dispersionen auf der Oberfläche nicht zu naß sein, da sonst ebenfalls eine Verdünnung eintritt. Feuchte Untergründe – um etwa 20% Holzfeuchte beim Fachwerk – sind jedoch kein Hindernis für das Aufbringen des Anstrichs. Die Lufttemperatur und die Temperatur des Holzes müssen während der Anstricharbeiten über 5 Grad Celsius liegen.

Hochglänzende Dispersionen, auch wenn sie für Holz eingestellt sind, eignen sich für Fachwerk nicht, da historische Farbfassungen nicht glänzend ausgeführt wurden. Die seidenglänzend eingestellten Farbtypen verringern ihren Glanz durch Abwitterung und Staubablagerung auf der rauhen Holzoberfläche und kommen damit den historischen Farbtechniken im Aussehen näher. Für bewitterte Hölzer speziell eingestellte Dispersionsanstrichaufbauten haben sich bei richtiger Anwendung über viele Jahre bewährt, einige stehen bereits über ein Jahrzehnt.

Als schwerwiegende Fehler wirken sich bei Dispersionsanstrichen auf Holz unzureichende Untergrundbehandlung wie nicht entfernte und schlecht haftende Altanstriche und lose oder angemorschte Holzteile sowie das unsaubere Beschneiden von Mineralfarbe im Gefach, die über die Gefachränder auf das Holz gebracht wurde, aus. In allen diesen Fällen muß der Dispersionsanstrich reißen, abplatzen oder abblättern.

Völlig der Fachwerktradition entgegen steht die verschiedentlich zu beobachtende Methode, Fachwerkgebäude über Holz und Gefache glatt zu verspachteln, mit einer Dispersion über Gefache und Holz im Gefachfarbton vollflächig zu überstreichen und darauf dann die Fachwerkhölzer vorzuzeichnen und andersfarbig abzusetzen. Neben den bauphysikalischen Gefahren dieser Methode wirken die Fachwerke viel zu glatt und steril.

Aus denkmalpflegerischer Sicht steht die Farbtechnik der Dispersionen den historischen Anstrichtechniken auf dem Fachwerk fern. Unter Berücksichtigung der Haltbarkeit des Anstrichs und des Holzschutzes sowie des Erscheinungsbildes leicht angewitterter, für Fachwerk eingestellter Dispersionsanstriche sind diese ein durchaus akzeptables Substitut für die früheren Anstriche auf der Basis tierischer und pflanzlicher Leime.

### Karbolineen

Als Karbolineen werden aus dunkelbraunem bis schwarzem, meist in Wasser emulgiertem Steinkohlenteeröl hergestellte Anstrichmittel bezeichnet. Karbolineen kommen historischen Anstrichen aus Teer, Bitumen oder teer- oder bitumenhaltigen Anstrichstoffen im Material wie im Aussehen und Abwittern sehr nahe.

Den an sich schon holzschützenden Karbolineen werden zum Teil weitere Holzschutzmittel, wie spezieller Schwammschutz, zugesetzt. Karbolineen sind heute nicht nur schwarz und dunkelbraun getönt, sondern auch andere, aber immer dunkle Farbtöne werden verarbeitet. Bei normaler Einstellung werden Karbolineen lasierend aufgestrichen, bei wenig saugendem Holz können aber auch deckende Farbschichten erreicht werden. Karbolineen ergeben rustikale Anstrichbilder. Die Anstriche werden – auch bei dickem Film – leicht abgewittert, »bleichen« aus, so daß an geschützten Stellen, wie unter Trauf- und Ortgesimsen, der ursprüngliche Farbton lange stehenbleibt, während von der Witterung betroffene Stellen oft schon nach wenigen Monaten hellbraun oder hellgrau werden. Bei Fachwerkanstrichen mit Karbolineen muß sehr darauf geachtet werden, daß das Anstrichmittel nicht in die angrenzenden Gefache eindringt, da es dort irreversible Verfärbungen herbeiführen würde. Als Folgeanstriche eignen sich nur wieder Karbolineen. Selbst wenn ein alter Karbolineumanstrich stark ausgewittert ist, können andere Farbsysteme nur mit dunkler Pigmentierung aufgetragen werden, da sonst die Gefahr des Durchschlagens von Teerresten im Holz besteht.

Für Nebengebäude, insbesondere wenn sie ganz mit Brettschalungen, Holzschindeln oder ähnlichem verkleidet sind, wie auch für holzverkleidete Bauten, bei denen dunkle Farbtöne angestrebt und nicht der heute üblicherweise gewünschte perfekte, vor allem vollkommen gleichmäßige Anstrich erzielt werden soll, eignen sich Karbolineen auch wegen der geringen Kosten vorzüglich.

### Altöl und Lacke

Fachwerke mit Altölen anzustreichen, man müßte sagen zu beschmieren, ist eine in den Jahrzehnten nach dem letzten Krieg entstandene Unsitte, die nichts mit Fachwerkunterhaltung oder -pflege zu tun hat. Diese Anstriche schmieren bis zur vollkommenen Abwitterung oder verharzen zu einer dichten dampfsperrenden Schicht.[56]

Aus technischen Gründen sind ebenso auch seriöse Anstrichmittel, die zum Beispiel für den Anstrich maßhaltiger Hölzer, wie Fenster und Türen, eingestellt sind, für die Fachwerkbehandlung ungeeignet. Für maßhaltige und weit heruntergetrocknete Holzteile sind Anstrichstoffe wie Lacke und Farben auf der Basis von Alcydharz oder anderen Kunstharzen mit einem hohen Wasserdampfdurchlaßwiderstand wegen ihrer Dichtigkeit gut geeignet, um zum Beispiel das Schwinden und Quellen des Holzes auf ein Minimum zu reduzieren.

Da Fachwerkhölzer aber keinesfalls maßhaltig sind und – wie mehrfach erläutert – für den Anstrich auf dem Holz eine möglichst hohe Dampfdurchlässigkeit erforderlich ist, sind alle dichten, den Wasserdampftransport stark hemmenden oder sperrenden Anstrichmittel und Spachtelmassen ungeeignet.

# Chemischer Holzersatz

41 *Ergänzung eines Ständers mittels chemischen Holzersatzes als Schönheitsreparatur.*

42 und 43 *Der von tierischen und pflanzlichen Holzschädlingen stark angegriffene Mittelständer und eine Balkenlage vor und nach der statisch-konstruktiven Sanierung.*

Bei der Sanierung muß unter denkmalpflegerischen Gesichtspunkten möglichst viel Originalsubstanz erhalten bleiben, und bei erforderlicher Auswechslung sollten Fachwerkreparaturen mit trockenem Holz der gleichen Holzart wie das Originalholz durchgeführt und starke Risse ausgespänt werden.

In Ausnahmefällen sind Holzergänzungen und Prothesen auch mittels chemischem Holzersatz, zum Beispiel Beta-Verfahren, auszuführen. Die Verfahren, Methoden und Materialien sind patentiert, und nur Lizenzunternehmen sind zu entsprechenden Arbeiten legitimiert.

Fünf verschiedene Anwendungssysteme und -methoden sind zu unterscheiden:

- statisch-konstruktive Sanierung in Form von voll tragfähigen Kunststoffprothesen mit Glasfaser-Armierungsstäben und Reaktionsharzmörtel,
- Stabilisieren und Verstärken von Balken zur Erhöhung der Verkehrslasten,
- Festigen oder Ergänzen von zerstörten oder klaffenden Holzverbindungen,
  für die bisher genannten Systeme liegt eine allgemeine bauaufsichtliche und baurechtliche Zulassung vor,
- Ergänzen von fehlenden Holzteilen, Wiederherstellung von angegriffenen Profilen usw.
- Festigen von verwitterten oder durch Schädlingsbefall angegriffenen Holzteilen.

Die drei erstgenannten Methoden umfassen Arbeiten, die in das Gewerk der Zimmerer gehören, während die beiden letztgenannten mehr im Bereich der Schönheitsreparaturen am Holz liegen und damit in das Aufgabengebiet des Malers fallen.

Die Holzergänzungen werden in Schal- oder Spachteltechnik ausgeführt, das heißt, entweder wird um das zu ergänzende Holz eine Schalung gefertigt, diese mit Trennmittel ausgestrichen und dann die Holzersatzmasse eingefüllt, oder die Masse wird mit dem Spachtel aufgetragen und geformt.

Die Holzersatzmasse ist thixotrop eingestellt und weist folgende Eigenschaften auf:

»1. Gute Penetration in die Holzfaser und damit gute Anschlußhaftung
2. Ausreichende Eigenfestigkeit für Armierungshaftung
3. UV- und Witterungsbeständigkeit sowie Farbechtheit
4. Standfest . . . und geschmeidig
5. Modellierbar und strukturierfähig.«[57]

Morsches oder stark angewittertes Holz ist vor Auftrag des Holzersatzes zu entfernen oder zu festigen.

Die Verfestigung des Holzes erfolgt mittels einem niedrig-viskosen Zweikomponenten-Copolymerisat. Das Tränkharz wird aufgestrichen oder injiziert. Beim Streichen mit einer lösemittelhaltigen Einstellung des Harzes ist darauf zu achten, daß das Harz zum einen tief genug eindringt, um alle morschen und verwitterten Holzteile auch bis etwa 2 cm Tiefe zu festigen, andererseits aber keine filmbildenden Reste des Materials an der Oberfläche zurückbleiben.

Injektionen werden mit ebenfalls dünnen, aber lösemittelfreien Harzen ausgeführt. Die Injektionen erfolgen mit Handdruckpistolen oder Airless-Hochdruckgeräten über eingepreßte oder eingedrehte Pressnippel (Packer). Die zu behandelnden Hölzer und der Holzzustand müssen genau geprüft werden, um die geeignete Methode auszuwählen. Nach der Aushärtung bleibt das Tränkharz zäh-elastisch mit etwa der Festigkeit von Eichenholz.

41

42

43

Da es sich in vielen Fällen beim Gefachanstrich um Wiederholungsanstriche handelt, hängt die Anstrichtechnik entscheidend vom Untergrund, das heißt den früher verwendeten Anstrichstoffen ab. Drei völlig unterschiedliche Anstrichsysteme kommen praktisch in Frage: Kalk, Silikatfarben und Kunstharzdispersionen.

*Kalkanstrich auf Neuverputz*

Auf die eingeschränkte Haltbarkeit von bewitterten Kalkanstrichen wurde bereits hingewiesen. Wird ein Kalkmilchanstrich vorgesehen, so sollte dieser zur besseren Haltbarkeit aus Sumpfkalk hergestellt und al-fresko, also naß in naß, auf den frischen und gerade nur angezogenen Kalkmörtel in mehreren, möglichst dünnen Schichten aufgetragen werden. Zur weiteren Verbesserung der Haltbarkeit wird eine Kalkkaseintechnik empfohlen.

*Kalkanstrich auf älteren Kalkschichten*

Die losen Kalkteile sind abzukehren. Der noch festsitzende Altkalk wird vorgenäßt und dann ebenfalls in mehreren Schichten dünn mit Kalkmilch überstrichen.

*44*

*Silikatfarben auf Neuverputz*

Nach dem Abbinden wird der Putz gleichmäßig mit Ätzflüssigkeit behandelt, danach folgt ein Zwischenanstrich und nach mindestens 12 Stunden Standzeit der Schlußanstrich mit reiner Silikatfarbe nach DIN 18363 Abschnitt 2.4.5.

*Silikatfarbe auf Altputz*

War der Putz noch nicht farblich behandelt oder hatte er bereits einen mineralischen Anstrich, so wird er nach dem Abbürsten loser Putz- oder Farbteile wie Neuputz, einschließlich eines auf das Farbsystem eingestellten Tiefgrundes, behandelt.
War der Putz mit Dispersionen, Öl- oder Latexfarbe behandelt, so müssen diese Farben erst weitgehend mit Abbeizfluiden abgebeizt werden, um eine Verkieselung der Mineralfarbe mit dem Untergrund zu ermöglichen.
Sind nach dem Abwaschen noch stärkere Reste der alten Anstrichstoffe in den Putzporen verblieben, so muß der neue Anstrich so gewählt werden, daß neben der Verkieselung auch eine Verklebung zur Haftung beitragen kann. Hierzu eignen sich Silikatfarben mit einer Beimischung von maximal 5% Kunstharzdispersion nach DIN 18363 Abschnitt 2.4.6. Diese Anstrichstoffe werden fabrikmäßig angeteigt und vermischt auf die Baustelle geliefert.

*Kunstharzdispersionen auf Altputz*

Sind beim Abwaschen flächig noch größere Reste von alten Dispersionen, Öl- oder Latexfarben auf dem Putz verblieben oder kann aus Kostengründen nicht abgewaschen werden, so muß – schon mehr als Ausnahme – eine Kunstharzdispersion aufgebracht werden. Die Dispersion soll möglichst wasserdampfdurchlässig eingestellt sein und nicht zu stark aufgetragen werden.

*44 Durch besondere Techniken haltbar gemacht, werden wie hier auch wieder Kalkfarben für den Gefacheanstrich eingesetzt.*

Sowohl beim Verputz als auch beim Anstrich der Gefache wurde mehrfach zur Verwendung von Sumpfkalk geraten.
Eingesumpfter Kalk (Kalkhydrat) kann entweder mit gewünschten kürzeren oder längeren Einsumpfungszeiten bis zu ca. 100 Monaten in Plastiksäcken oder Wannen von Kalkbrennereien bezogen oder aber in einer eigenen Kalkgrube selbst abgelöscht und eingesumpft werden. Bei eigener Einsumpfung des Materials erhält man nicht nur ein hochwertiges Kalkhydrat, sondern damit auch ein ausgesprochen preiswertes Bindemittel.
Zum Einsumpfen von Kalk benötigt man in erster Linie eine Kalkgrube, die früher mit Bohlen hergestellt wurde. Heute werden zum Grundwasserschutz meist feste und damit gemauerte Gruben gefordert. Die Grube muß so angelegt sein, daß der Kalk immer mit einer Wasserschicht abgedeckt lagern kann und im Winter absolute Frostfreiheit für den Kalk gesichert ist.
Der verwendete Kalkstein soll möglichst wenig dolomitische Anteile aufweisen und ebenso keine Beimengungen, wie Tonerde oder Eisenoxid, enthalten. Gebrannt werden soll der Kalkstein mit Holzkohle, Erdgas, allenfalls mit Koks, aber keinesfalls mit Öl oder Kohle.
Der durch das Brennen gewonnene Stückkalk wird in Kalkwannen gelöscht, wobei die gleichmäßige, genügende Wasserzugabe und das regelmäßige Umrühren entscheidende Faktoren dafür sind, daß der Kalk nicht verbrennt.
Der Kalk wird durch ein Sieb mit etwa 2 mm Maschenweite in die Kalkgrube abgelassen, wobei eventuell noch vorhandene Verunreinigungen wie kleinere, nichtgelöschte Kalkbrocken auf den Grund sinken.
Für einfache Anstrichzwecke soll der Kalk mindestens ein Jahr eingesumpft sein, für höherwertige Arbeiten mindestens zwei bis drei Jahre. Bei noch längerer Lagerung wird das Kalkhydrat noch besser. Am günstigsten ist es, die obersten Schichten in der Grube (weil sehr rein) für Anstricharbeiten zu verwenden, die mittleren Schichten für Putzmörtel und die unteren Schichten mit gröberer Körnung für Mauermörtel.[58, 59]

# Stadt- und Dorfgestaltung mit farbigem Fachwerk

1

2

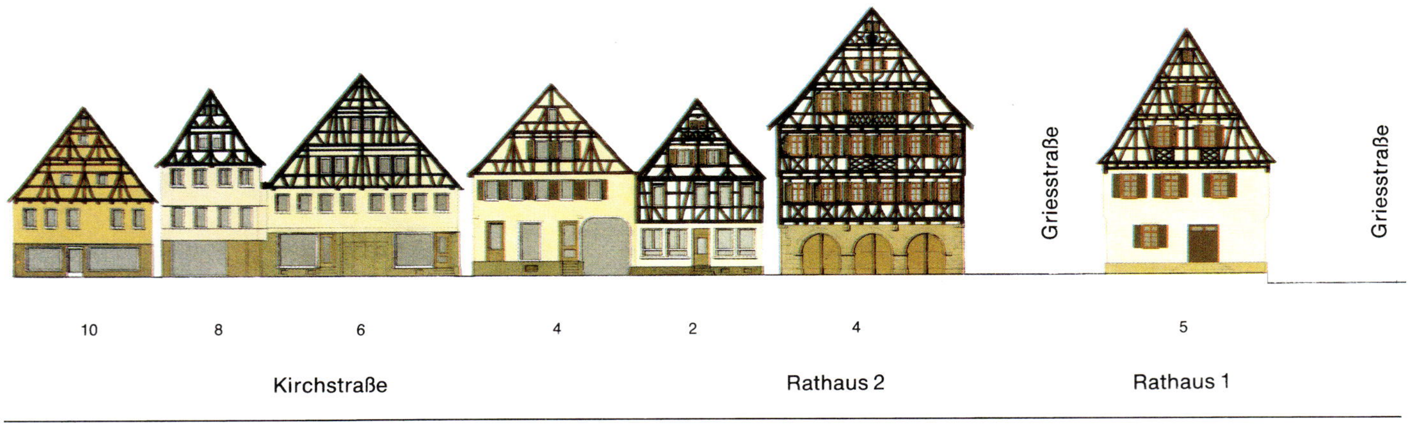
Griesstraße
Griesstraße
10
8
6
4
2
4
5
Kirchstraße
Rathaus 2
Rathaus 1

3

4

Alfred Kielmeyer

1 (S. 105) Die Gesamtansicht von Freudenberg im Siegerland zeigt die außerordentlichen Möglichkeiten der Stadt- und Dorfgestaltung mit Fachwerk.

2 Ausschnitt aus einem Farbleitplan für eine Fachwerkhauszeile. Bei entsprechenden Planungen sollen die historischen Farbbefunde in die Gestaltungsvorgaben einfließen.

3 Die Farbgebung des Hornmoldhauses trägt dazu bei, die Bedeutung des Gebäudes auch gegenüber der Wertigkeit der umgebenden Bebauung zu dokumentieren.

4 Der Marktplatz von Esslingen. Bereits wenige freiliegende Fachwerke prägen das Gesicht dieses großzügigen Marktplatzes.

5 Das Stadtbild von Schwäbisch Hall – durch die übereinandergestaffelten Giebel schon reizvoll – wird durch Fachwerkstrukturen wesentlich bereichert.

5

*6 Der kleine Platz vor dem alten Esslinger Rathaus, beherrscht von kräftigem Fachwerk, strahlt besonders intensiv das Bild spätmittelalterlicher Urbanität aus.*

*6*

# Die geringe Farbigkeit in den vergangenen Jahrzehnten

*7 und 8 Die reizvolle und lebhafte Gestaltung historischer Fachwerke läßt sich weder mit Attrappen und Dekorationen aus Brettern, aufgemaltem Fachwerk noch mit Fachwerkstrukturen in Beton und Glas nachvollziehen.*

Farbgebungen sind über die Verschiedenheiten in den Baustilepochen hinaus einem Auf und Ab starker, kräftiger Farbtönungen im Wechsel mit zurückhaltender Farbigkeit unterworfen. Bei Betrachtung der Farbgebung in unserem Jahrhundert ist festzustellen, daß nach dem Überschwung intensiver Farbtöne des Jugendstils mit dem Bauhausgedanken nur noch eine sehr verhaltene Farbgebung gepflegt wurde.

Nach dem Zweiten Weltkrieg lagen viele Bauten in Trümmern, und die noch stehende Bausubstanz war mindestens ein Jahrzehnt nicht gepflegt und mit Wiederholungsanstrichen versehen worden. Vielfach bestand der Wunsch, Gebäude in einer hellen, freundlichen, reinlichen »Farbe« – weiß – darzustellen. Die Farbigkeit wurde mit Standardanstrichen von gebrochenem Weiß bis Grau auf ein Minimum gedrückt. Für feinere Bauglieder wählte man Anthrazit und Schwarz, allesamt Nichtfarben. Gelb war schon eine so große Ausnahme, daß von »gewagtem Gelb« gesprochen wurde. Bei den zwei- bis viergeschossigen Wohnbauten mit 30°-Dächern und den neuen Baukörpern mit Flachdächern in großer Variationsbreite, wie Schuhkartons senkrecht, flach oder auf die schmale Seite gestellt, bemerkte man die Nichtfarbigkeit weniger. Auf historischen Gebäuden, bei denen die Sockel meist hellgrau und alles übrige, einschließlich aller Architekturgliederungen, wie Lisenen, Gesimse, Gewände und Eckverquaderungen, weiß zugestrichen wurde, wirkte sich die Mißachtung aller Farbsitten und der mit Farbe unterstützten architektonischen Merkmale verheerend aus.

Fachwerke wurden entweder mit modischem Plattenmaterial verschindelt – mehr müßte man sagen: verschandelt – oder mit braunem Holz und weißen Gefachen dargestellt. Eine solch arme Farbigkeit hatte das Fachwerk seit der Spätgotik nicht erlebt. Die baulichen Kulturdenkmäler waren kaschiert.

Zwangsweise mußte die weißgraue Welle der fünfziger und sechziger Jahre wieder eine Ablösung durch Farben erhalten, und

7

8

*9 Die völlige – werbewirksame – Verglasung dieser Fachwerkfassade hat zur Verfremdung des schweren Daches und des durch die Spiegelung sehr leicht wirkenden Fachwerks geführt.*

*10 Die Verkleidung dieses Gebäudes hat nicht nur optisch das Fachwerk zerstört, sondern ist auch bauphysikalisch höchst gefährlich für die Fachwerksubstanz.*

## Farbleitpläne

diese setzte auch zu Beginn der siebziger Jahre vehement ohne Rücksicht auf historische Farbgebungen und Farbsitten, ohne gestalterische Reize, ohne Bezüge zur Landschaft und meist ohne Bindung an vorhandene Materialien sowie der umgebenden Bebauung ein. Städte und Dörfer wurden nicht nur farbig, sondern bunt. Die ästhetisch unbefriedigenden Farben der Fassaden traten so deutlich in Erscheinung, daß man mit administrativen Mitteln versuchte, die Farbgebungen zu steuern, zumindest sie zu beeinflussen. Das Instrumentarium dafür waren Orts- und Gestaltungssatzungen, mehr noch Farbkonzepte und Farbleitpläne.

9

10

Die ersten Farbplanungen für Straßenzüge und Häuserzeilen in der Bundesrepublik waren als Steuerungsmittel noch schwer zu handhaben: Zum Teil waren die Farben immer noch zu intensiv, vor allem aber waren die Konzepte zu starr. Alle Farben waren ohne Beteiligung von Eigentümern und Bürgern vorgegeben und stießen allein schon deshalb auf den Widerstand der Betroffenen. Damit war die Durchsetzbarkeit solcher Pläne stark in Frage gestellt.[60]

Die zweite Generation solcher Planungen erhielt den Namen Farbleitplanungen, um mehr den prinzipiellen Charakter und die noch vorhandenen Änderungsmöglichkeiten zu dokumentieren. Die Farbtönungen wurden harmonischer, und durch die gegebene Beteiligung sind die Eigentümer bereit, diesen Vorschlägen stärker zu folgen. Vielen dieser Pläne haften immer noch schwerwiegende Mängel an: Oft fließen keine historischen Befunde als Vorgaben in die Planungen ein, die organisch gewachsene Bausubstanz wird als zu einheitlich angesehen, und dadurch entsteht gewissermaßen ein neues Kunstwerk »aus einem Guß« ohne Rücksicht auf die Besonderheiten der verschiedenen Stile.

Insgesamt ist bei den Bemühungen um farbige Fassungen von Einzelbauten und bei den Konzepten für Straßenzüge, Dörfer und Städte in der Bundesrepublik ein Gefälle festzustellen. Im Süden Deutschlands knüpfte man sehr viel stärker an historische Farbsitten an, und auch Farbkonzepte orientierten sich mehr an den traditionellen Stadtbildern. Schon früh begann man in Baden-Württemberg und Hessen, mehr oder weniger systematisch, Befunde zu suchen, zu analysieren und als Grundlage für die Neufassung der untersuchten Gebäude wie für Analogfassungen und als Anhaltspunkte zur Farbigkeit der früheren Stadt- und Dorfbilder auszuwerten.

Die systematische Untersuchung des Restaurators Horst Wengerter in seiner Heimatstadt Besigheim sowie die zahlreichen Untersuchungen von Restaurator Josef Weimer aus Elz in seiner näheren Heimat – Elz, Limburg und Camberg – stehen hierfür als Beispiele. Die Ergebnisse dieser Befunduntersuchungen beweisen auch, in wie vielen Fällen bei entsprechenden Bemühungen eindeutige Befunde an Fachwerken zu finden sind und wie vielfältig und reich die historische Farbigkeit auf Fachwerken war.

In Richtung Norddeutschland nehmen die Fälle, bei denen historische Farbbefunde als Basis für Neufassungen dienten, ab. In einigen Fällen werden Fachwerkstädte bis zum heutigen Tag ohne Rücksicht auf Traditionen und stilistische Unterschiede, dafür aber werbewirksam und modisch, bunt gestrichen. Erst seit jüngster Zeit sind Ansätze vermehrter Befundsuche und -auswertung auch im Norden festzustellen.

Bei allein denkmalpflegerischen Betrachtungen wäre es am wichtigsten, Bauten jeweils nach dem Befund ihrer ursprünglichen Farbgebung oder der Farbgebung, mit der ein Gebäude nach grundlegender Veränderung, zum Beispiel Barockisierung, gefaßt war, neu zu fassen. Neubauten würden bei einem solchen Denkansatz so behandelt, daß sie möglichst wenig in Erscheinung treten.

Denkmalpflegerische Maßnahmen sind aber selbst in geschichtliche Abläufe einzuordnen und müssen mit weiteren Überlegungen, Vorgaben und Kriterien zusammengefaßt und kombiniert werden. Die gesetzlichen Regelungen in den Denkmalschutzgesetzen sehen deshalb unter anderem das »Abwägen« bei denkmalpflegerischen und stadtplanerischen Zielvorstellungen vor. Bei den wertvollen Einzeldenkmalen muß der historische Befund immer das erste und entscheidende Kriterium bleiben.

# Farbplanung für denkmalgeschützte Bauensembles

*11 Die isometrische Darstellung des Altstadtkerns von Herborn zeigt ein noch völlig ungestörtes Stadtbild. Farbgestaltungen sind hier an das hauptsächlich verwendete Schiefermaterial gebunden.*

*12 Der Marktplatz von Heppenheim wird von den ihn umgebenden Fachwerkgebäuden geprägt, herausragend und mit Turm markiert: das Rathaus.*

*13 Im Fachwerkkern von Mosbach wurden Baulücken mit neuen Fachwerkbauten ausgefüllt. Für das Einzelgebäude aus denkmalpflegerischer Sicht bedenklich, für das Fachwerkensemble die beste Lösung.*

Farbleitplanungen sind durchaus ein Instrument, um die Farbigkeit von Städten und Dörfern denkmalgerecht darzustellen und den Prozeß der Stadt- und Dorfentwicklung mitprägend »in den Griff« zu bekommen.
»Farbleitplanung in historischen Bereichen hat sich immer auch mit Kulturdenkmalen in ihrem äußeren Erscheinungsbild auseinanderzusetzen.
Daraus ergibt sich ein spezielles Interesse der Denkmalpflege an der Mitwirkung bei Farbleitplänen.
Ziel der Denkmalpflege ist dabei, daß sich Farbleitpläne an den Ergebnissen einer Befunderstellung der historischen Farbigkeit orientieren . . .
Zur Abklärung der Gebäudezustände und -veränderungen ist eine restauratorische Untersuchung notwendig, die alle Abläufe von Veränderungen auch in der Farbigkeit dokumentiert. Die Untersuchung durch den Restaurator gibt Aufschluß über die verschiedenen Farbfassungen, z. B. des Fachwerks, bei Instandsetzungsmaßnahmen . . .
Es geht hier darum, die Originalität vergangener Baumeister- und Handwerkerleistung zu zeigen im Unterschied zum Modisch-Originellen. Das historische Stadtbild ist ein ungeeignetes Objekt für modische Experimente.«[61]
Neben den ausgewerteten Farbbefunden sind als weitere Basisbausteine für entsprechende Planungen folgende Unterlagen notwendig oder hilfreich:

- Straßenabwicklungen im Maßstab 1:100,
- Einzelaufmaße im Maßstab 1:100 oder in größerem Maßstab,
- Baualterskarten, besser noch Einzeldatierungen, zum Beispiel aufgrund von Urkunden, Hausinschriften oder dendrochronologischen Untersuchungen und
- Infrarotuntersuchungen von noch unter Verputz liegendem Fachwerk.

Farbleitplanungen dürfen keinesfalls als einmal erarbeitete unveränderbare und starre Arbeitshilfen angesehen werden, sondern sind als Prozeß zu betrachten, der

11

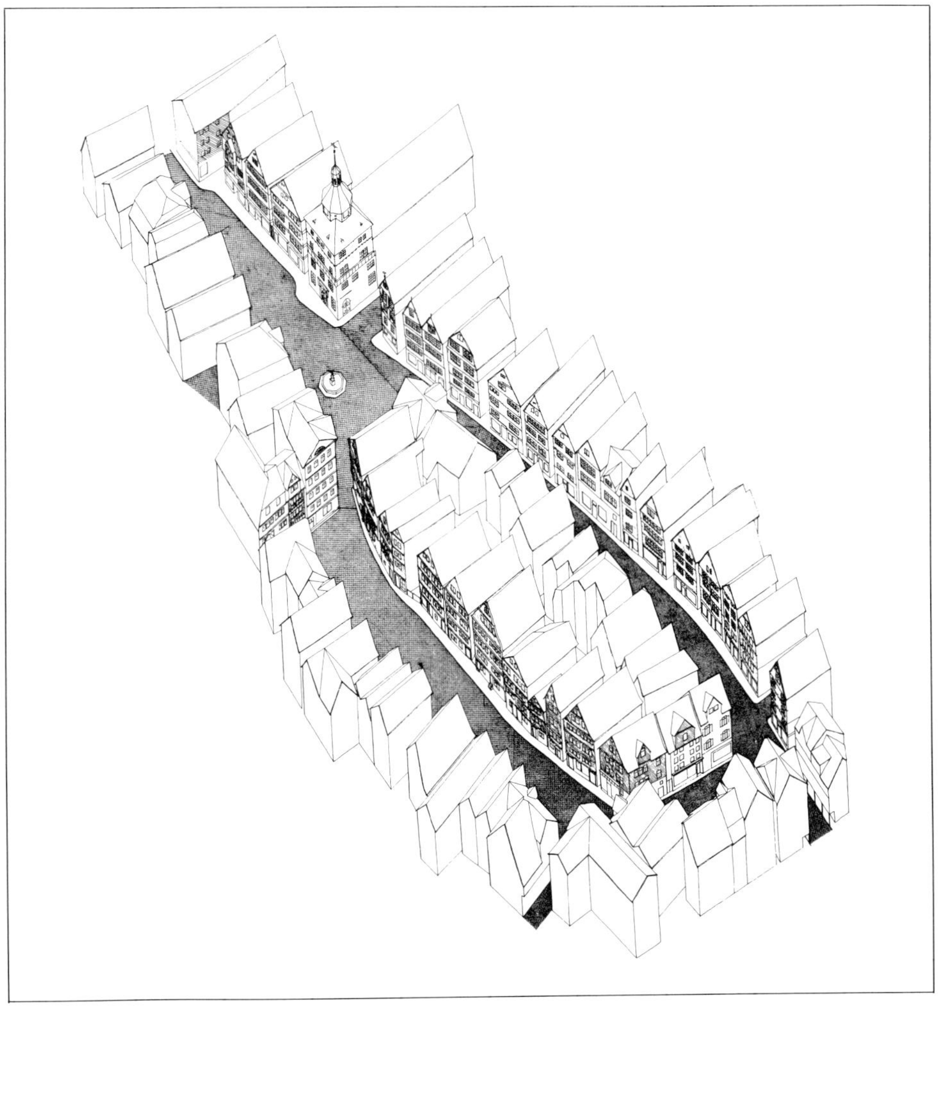

12

13

*14 Der Limburger Fischmarkt – eines der dichtesten originalen städtischen Fachwerkensembles.*

mit der Neuentdeckung von Originalbefunden und der städtebaulichen Entwicklung wächst oder sich verändert.
Daß Farbleitplanungen komplizierte Instrumentarien sind, zeigt allein die Auswahl der Kriterien, die in die Planbearbeitung einfließen müssen. Hierzu gehören:

*Kriterien zur Örtlichkeit und zu Denkmalen*

- Befundsuche und Befundauswertung historischer Farbgebungen,
- Festlegung der Farbfassung von Einzeldenkmalen,
- Analogieschlüsse zur Farbigkeit, wenn keine Befunde zu erzielen sind; hierbei müssen die räumlichen und zeitlichen Begrenzungen beachtet werden,
- landschaftliche Farbsitten,
- örtliche Farbsitten,
- Farbigkeit bereits neu gefaßter Bauten in der Umgebung,
- vorhandene Farbigkeit in der Umgebung wie Farben des Straßenbelags, des Bürgersteigs und der Vegetation,
- vorhandene und nicht veränderbare Farbigkeit am Gebäude, wie Farben von Natursteinen und Dächern,
- Platz- und Raumgestaltungen, Verkehrsführung,
- Akzentuierung, zum Beispiel zur Heraushebung eines öffentlichen Gebäudes.

*Kriterien zum Gebäude und dessen Nutzung*

- Bindungen von Farben im Verhältnis zur Nutzung,
- Beachtung der Gebäudeproportionen, der Gebäudemassen zur Farbigkeit,
- Gliederung größerer Gebäudekomplexe oder Fassaden,
- Unterstreichen von architektonischen Zielvorstellungen.

*Kriterien für bereits eingefügte oder einzufügende Neubauten*

- Unterordnung von maßstablosen Neubauten durch zurückhaltende Farbgebung,
- Einordnung der Farbigkeit von Neubauten in das organisch gewachsene Ensemble.

*Kriterien für die malerische und ästhetische Qualität*

- Beachtung grundsätzlicher Farbordnungen wie Primärfarben, Sekundärfarben, Sechserfarbkreis aus Primär- und Sekundärfarben,
- Farbgebungen in Hell-dunkel-Reihe,
- Ton-in-Ton-Farbgebungen,
- Farbgebungen mit gleichen Helligkeitswerten,
- Beachtung des Farbempfindens und psychologischer Reaktionen auf Farben, wie »warm/kalt«, »aktiv/passiv« und »ruhig/laut«.[62]

Da sich Fachwerke bereits durch ihre Strukturen und Mehrfarbigkeit lebhafter darstellen als einfarbige Bauten, müssen bei der farbigen Gestaltung und Fassung von Fachwerken die vorgenannten Kriterien intensiver als bei Massivbauten beachtet werden. Dort, wo die Grundfarben des Fachwerks auf Hölzern und Gefachen weitgehend gleich sind, kommt es um so mehr auf die Gestaltung von Begleitern, Bandelierungen, Fenstern, Türen und Toren an, um die Individualität jedes Einzelbauwerks zu wahren.
Im günstigsten Fall nutzt örtlich gebundene Handwerkskunst, die auch früher Städte und Dörfer prägte, die Freiräume zwischen Befunden und stadtgestalterischen Zielvorgaben zur Erzielung einmaliger Stadt- und Dorfbilder aus.[63 64 65]

14

# Dekorationsfachwerk und Fehlfarben

1

*1 (Seite 113) Dieses Fachwerkhaus wurde liebevoll neu gefaßt – jedoch ohne Berücksichtigung historischer Fachwerkfarbgebungen.*

*2 bis 4 Fachwerk wurde vielfältig gestaltet, einzelne Gefacheausmalungen und die Stipp- und Kratzputztechniken sind Beispiele dafür. Schreiende, grelle Farbgebungen machen die an sich positiven Gestaltungsmöglichkeiten mit Fachwerk zunichte. Völlig abzulehnen sind die »Spielereien«, bei welchen die Fachwerkhölzer als billige Rahmen künstlerischer Versuche oder primitiver darstellender Malereien verwendet werden.*

*2*

*3*

*5 und 6 Brüstungsfüllungen und geschnitzte Details gehören zur Gesamtkomposition von Fachwerken. Sie dürfen bei der farblichen Gestaltung nicht so herausgehoben werden, daß sie das Gesamtbild stören oder auseinanderreißen.*

*4*

*5*

*6*

# Dekorationsfachwerk

7 *Aufgemaltes »Fachwerk« mit gestuckten Gefachen auf einem Massivgebäude. Auch innerhalb geschlossener Fachwerkensembles sollte man nach ehrlichen Möglichkeiten der Anpassung suchen.*

Die zahlreichen Versuche, ästhetisch nicht genügende Massivbauten unter nostalgischem Druck mit »Fachwerk« zu schmükken, müssen aus architektonischer, bauhistorischer und besonders aus ehrlicher Haltung heraus strikt verworfen werden. So könnte dieses Kapitel zahlreiche Überschriften tragen, zu denen auch die Schlagworte: Nostalgie-Look, Disneyland, Werbemittel Fachwerk, aufgenagelte Gemütlichkeit und Bauunehrlichkeit gehören.

### Fachwerk als Wegwerfarchitektur

Fachwerk erfreut sich bewußt und unbewußt zunehmender Beliebtheit, nicht nur als ursprüngliches, strapazierfähiges und anpassungsfähiges Baugefüge, sondern mehr noch als Atmosphäre ausstrahlendes stadtgestalterisches Mittel. Die Wiederentdeckung hat dazu geführt, daß Fachwerkstadtkerne oder -areale wieder revitalisiert und die einzelnen Fachwerkbauten wieder saniert und gepflegt werden.
In der Folge von Wiederentdeckung und Revitalisierung ursprünglicher Fachwerksubstanz hat sich jedoch auch ein Nachahmungsprozeß eingeschlichen, der Fachwerk nur noch als Dekorationsmittel ansieht und benutzt. Die Bandbreite verlogener Fachwerktechniken reicht von gemauerten und betonierten Massivgebäuden, die auf der Straßenfront einen hauchdünnen Fachwerkaufsatz erhalten, über die verschiedensten industriellen Fachwerkimitationen bis zu Fachwerkbaukästen im Maßstab 1:1 mit schaumgefüllten Kunststoff-Fachwerkteilen.
Ungeachtet des im einen oder anderen Falle erzielten günstigen optischen Effekts, insbesondere bei Schließung von Baulükken in Fachwerkensembles, dienen Fachwerkimitationen dem Baugefüge Fachwerk nicht, da sie mehr und mehr dem Laien Fachwerk als austauschbares Dekorationsmittel suggerieren. Fachwerk wird dabei als Wegwerfarchitektur konsumiert. Das Bewußtsein für »echtes« Fachwerk wird zunehmend vermindert, und damit werden natürlich auch alle Leistungen für Unterhaltung und Pflege in Frage gestellt.

Besonders positiv hervorzuheben sind unter diesem Aspekt die Bemühungen einiger Fachwerkstädte, wie Hannoversch Münden, Lücken in der Fachwerksubstanz wieder mit echten Fachwerkbauten zu schließen, und zwar nicht mit Schmuckfachwerk früherer Stilepochen, sondern rein konstruktivem Fachwerk, wie es bis nach dem Zweiten Weltkrieg noch in ganz Deutschland gebräuchlich war.

### Fachwerkvorsatz

Gemeint sind die zahlreichen Versuche, auf gemauerte oder betonierte Fassaden Fachwerk in Brett- bis Bohlendicke aufzusetzen, also aus Massivbauten optisch Fachwerkbauten zu machen. Konstruktiv wird dabei für den Vorsatz in Form von Betonauflagern vorgesorgt. Die Bretter oder Bohlen werden an die Massivteile angedübelt. Meist werden dabei nur die Vorderfassade oder sogar nur Teile davon mit »Fachwerk« versehen. Sieht man auf die Details, so empfindet auch der Nichtfachmann zumindest unbewußt – nach dem ersten guten Eindruck –, daß ein anderes Haus vorgetäuscht wird. Dort, wo

7

*8 Fachwerkdekorationsfragmente an einem gründerzeitlichen Gebäude sollen zur Werbung für die Gaststätte beitragen.*

*9 Mit dieser Fachwerkdekoration wurde ein großvolumiger funktionalistischer Gebäudekomplex der fünfziger Jahre »geziert«.*

*10 Fachwerkdekoration von Neubauten. Das Fachwerk ist zur schmückenden Attrappe herabgewürdigt – nichts mehr ist geblieben von der lebhaften Urwüchsigkeit des Baugefüges Fachwerk.*

Balken dreidimensional sichtbar sein müßten – an den Ecken sowie horizontalen oder vertikalen Vorsprüngen –, erscheinen nur dünne Bretter oder zu »Balken« vernagelte Bohlen. Die glatt gehobelten Bretter haben sich teilweise verworfen, und die stumpfen Verbindungen klaffen. Tastet man die Fassade weiter mit dem Auge ab, so muß man feststellen, daß man sich das »Fachwerk« oft in einzelnen Geschossen gespart hat, die Stockwerkshöhen nicht stimmen und die konstruktive Folge: Rähm – Balken – Schwelle fehlt. Bei den Ausbaudetails wird dann das Paradoxe perfekt: möglichst große und querliegende Fenster in Alukonstruktion mit farbigen Gläsern in Bleifassung. Oft werden dabei Barock- oder Renaissancestil-Fachwerke von erst im Zusammenhang mit dem Neubau und ohne ausreichende Begründung abgerissenen Vorgängerbauten kopiert oder geschmückte »Fachwerke« auf der Basis von Analogien aufgepfropft. Auch die im Schmuck sichtbare, oft bedeutende Handwerkskunst unserer Zeit mindert nur wenig die Täuschung.

Ähnlich verhält es sich mit Fachwerk-Einsatzstücken. Solche Einsatzstücke, meist in Form von Rahmen um Fenstergruppen, werden gerne dort verwendet, wo es notwendig erscheint, bei Neubauten die Maßstäblichkeit von Fachwerk aufzunehmen. Dem Betrachter fällt es schwer, das gedachte Ziel zu verfolgen. Mit Fachwerkgefüge haben solche Einsätze nichts gemein. Wenn man sich nicht entschließen kann, neues, echtes Fachwerk zu bauen, so sollte man die notwendige Maßstäblichkeit mit anderen Mitteln, und zwar mit denen des Massivbaus, erzielen.

## Getränkekonsumsteigerung

Primitiv ist das Drapieren von gründerzeitlichen Villen, Zeilenbauten oder auch vielgeschossigen Klinker- oder Betonbauten mit Fachwerkbrettern im Erdgeschoß. Besonders Gaststätten sind von solch nostalgischen Dekorationen betroffen. So, als könnte man Wein oder Bier nicht auch in gemütlich gestalteter klassizistischer oder gründerzeitlicher Atmosphäre genießen, wird den Bauten verschiedener Stilepochen um jeden Preis Rustikalität mit »Fachwerk« aufgesetzt – vielfach nur innen, schwerwiegender auch außen. Die vorhergehende Architektur wie das »Fachwerk« werden zur Farce, die Drapierung dient augenfällig nur als getränkekonsumsteigerndes Hilfsmittel. Verlogenheit und Falschheit erreichen hierbei oft einen solch hohen Grad, daß sich nach Bewußtwerden die gedachte Anziehung von Kunden ins Gegenteil verkehrt.

## Industrielles Fachwerkmühen

Fachwerk-Look und Fachwerkmode haben in verschiedenen Industriebereichen, so auch bei einigen Fertighausherstellern, eine Marktlücke erkennen lassen, die schnell ausgefüllt wurde. Im Zweifelsfall wird der »Fachwerkbedarf« erst durch entsprechende Prospekte geweckt. Voranzustellen ist auch hier: Weder Leichtbaufertighäuser mit Holzrahmenkonstruktion und vorgesetztem (hinterlüftetem) Bohlenfachwerk noch Massivbauten mit Fachwerkbrettern und Tafeln als Ausfachungen sind Fachwerkbauten. Auch Werbeaufdrucke in Frakturschrift ändern diese Tatsache nicht. Leider wird bei solchen Bemühungen um Fachwerk nur in Ausnahmefällen auch echtes Fachwerk angeboten. Allein konstruktives Fachwerk knüpft wirklich an die geschichtliche Fachwerktradition an und ist dementsprechend hoch einzuschätzen. Die Versuche industriellen Fachwerkvorsatzes weisen handwerklich und qualitätsmäßig große Unterschiede auf: vom verzimmerten Fachwerk aus 10/12 bis 12/14 cm dicken Hölzern auf dem tragenden Massivbau bis zu Latten mit eingesetzten großformatigen Platten. Neben dem grundsätzlichen Nachteil all dieser Konstruktionen des mehr oder weniger gut nachempfundenen aufgesetzten Fachwerks sind die einfacheren Ausführungen auch bauphysikalisch nicht ausreichend. Da sie normalen mechanischen Beanspruchungen nicht standhalten, weisen sie Löcher und Beschädigungen in den Platten auf, welche die Verkleidung peinlich erscheinen lassen.

8

9

10

# Fehlfarben

## Kunststoff-Fachwerk

Den Höhepunkt modischer Fachwerkkunst bieten komplette Bausätze aus mit Hartschaum gefüllten Plastikbalken und -brettern. Bei diesen für die »rustikale« Innenraumgestaltung angebotenen Produkten ist am deutlichsten die nahe Verwandtschaft zu Werbemitteln und schnellebigen Verbrauchsgütern (Wegwerfgütern) zu spüren. Die Produktpalette solcher Plastikhölzer umfaßt die verschiedensten Balkendimensionen und Formteile wie Knaggen, Kopfband-, Profil- und Hirnholznachbildungen bis zu Faßböden, Radnaben und Pflanzkästen. Die Gefahr liegt in der leichten Anwendbarkeit dieses Pseudomaterials. Im einfachsten Falle können die Plastikteile buchstäblich wie Tapeten angeklebt werden.
Oft werden die Teile mit so wenig Gefühl für Konstruktion zusammengesetzt, daß im Unterbewußtsein auch der Laie die Applikation spürt. Sieht man auf die Details, sucht die Struktur und Lebendigkeit des natürlichen Werkstoffs oder faßt ein solches »Holz« gar an, so wird der Nepp mit dem billigen Ersatzmaterial offenkundig. Mit Werbeschlagworten – wie leicht, dauerhaft, leicht zu verarbeiten und pflegeleicht – werden ästhetische Prinzipien und das Gefühl für Raumatmosphäre aus dem Zusammenspiel natürlicher Baustoffe mit Füßen getreten.
Die negative Wirkung trister Bauten auf die Psyche, insbesondere von Kindern und Jugendlichen, ist bekannt. Dieser Gefahr von Unmaßstäblichkeit und Phantasielosigkeit zum Beispiel mit Fachwerkdekorationen begegnen zu wollen, hieße den Teufel mit dem Beelzebub austreiben, denn wer will von Kindern und Erwachsenen Aufrichtigkeit verlangen, wenn bereits in elementaren Bereichen, wie dem Bauen, so viel Unaufrichtigkeit geübt wird.[66]

Die farbige Gestaltung von Fachwerken hat eine bewegte Entwicklung, differenziert durch landschaftliche Besonderheiten und an die Stilepochen geknüpfte Merkmale, durchlaufen. Schon immer gab es dabei auch farblich aus einer Menge gleichartig gefaßter Fachwerke herausragende Gebäude. Nie wurden jedoch bei historischen Farbgebungen Grundsätze, wie das Dominieren der Holzkonstruktion innerhalb der Gesamtfassung, die Einbindung in die farbige Grundstimmung einer Straße, eines Dorfes oder einer Stadt und die farbliche Einbindung in die Landschaft, mißachtet.
Unabhängig von häufigen technischen Fehlern bei Neuanstrichen sind in jüngster Zeit auch absolute »Fehlfarben« zu beobachten. Auch ohne stadtgestalterische oder fachwerktechnische Vorbildung fallen diese »bunten Häuser« sofort auf, da sie nicht zum Fachwerk passen und das Dorf-, Stadt- oder Landschaftsbild stören. Mit farbenfroher Stadtgestaltung haben solche Farbgebungen nichts zu tun.
Hauptfehler ist die Verwendung kräftiger, greller, schreiender Farbtöne, insbesondere im Bereich der Gefache. Neben der Diskrepanz solcher Farbtöne zur Fachwerkkonstruktion wird damit das Dorf- oder Stadtbild auseinandergerissen.
Auch zu Werbezwecken – das Haus soll dann schon von weitem auf sich aufmerksam machen – sind grelle Farbfassungen nicht tauglich, da der werbende Effekt bei schlechter Farbgebung leicht ins Negative umschlagen kann. Ebenso falsch ist es, Fachwerkgebäude in Pastelltöne zu fassen. Pastellfarbtöne ganz allgemein sind im Außenbereich problematisch und passen nicht zum rustikalen und handwerklich herben Fachwerk.
Andere falsche Farbgebungen entstehen aus der Mißachtung der Struktur des Fachwerks und dem Verhältnis von Holzflächen zu Ausfachungsflächen. Dazu gehören sowohl Farbfassungen, bei denen der Helligkeitsgrad zwischen Gefach- und Holzfarben zu dicht beieinander liegt, als auch Farbtönungen, bei denen die Gefachfarbe dominiert und dadurch zwangsläufig die konstruktive Rahmenwirkung des Holzes »unsichtbar« wird.

Weitere Fehler sind das Einfügen unmaßstäblicher und in der Proportion nicht richtig sitzender Begleiter und Ritzer, das ganzflächige Füllen der Gefache mit darstellender Malerei ohne historische Bezüge und schließlich auch das »Überziehen« des Fachwerks mit ungeeigneten, meist viel zu großen Werbeschriften.
Ein Zeichen für das völlige Unverständnis historischer Farbgebungen und Fassungen, die von den Farbtönen bis zu den Motiven in gegenständlichen Darstellungen oder Symbolen immer ausgesprochen starke Bezüge hatten, ist das »Blümchenfachwerk«. Die »Künstler« solcher gemalten oder in Sgraffitotechnik erfundenen Pflanzen- oder Tiermotive auf den Gefachen wollen sicher mit diesem Schmuck einen positiven Beitrag zur lebhaften, farbenfrohen Gestaltung erzielen. Die Ergebnisse dieser neuen Volkskunst im Fachwerkrahmen sind aber meist nur schwache Kopien, welche die einfachen ländlichen Bauten, auf denen sie erscheinen, in ein seltsames neues Licht rücken – weit entfernt von fachwerkgerechter Heraushebung oder den Farbsitten für Fachwerkfassungen.

# Wärmedämmung von Fachwerkwänden

1

*1 (Seite 119) Eine barocke Wärmedämmaßnahme an einem Gebäude aus einem Stadtteil Herborns: Auf die Außenwände wurde ein dikker Strohlehmputz aufgebracht und in diesen Strohlehmputz Stroh eingeschoben.*

Mit der zunehmenden Energieverknappung und dem daraus resultierenden Zwang zur Energieeinsparung müssen auch die Anstrengungen wachsen, historische Bausubstanz so zu dämmen, daß ein möglichst geringer Energieeinsatz notwendig wird. Bei Fachwerksanierungen sind die zusätzlichen Wärmedämmmaßnahmen zumeist der schwierigste Fragenkomplex innerhalb der zahlreichen schwerwiegenden mit der Sanierung zusammenhängenden Probleme. Hier wird von selbsternannten Fachleuten und zweifelhaften Beratern probiert und beraten und in der Realisierungsphase oft gebastelt.

Im Bereich zusätzlicher Wärmedämmung sind auch mit Sicherheit wegen der Mißachtung der spezifischen Eigenschaften des Baugefüges Fachwerk und grundsätzlicher bauphysikalischer Gesetze die gröbsten und nachhaltigsten Fehler bei Sanierungen gemacht worden. Häufig wurde durch viel zu starke Innendämmungen mit hochdämmenden Materialien die Taupunktebene in eine ungünstige Lage innerhalb der Wand verschoben. In anderen Fällen wurden die Fachwerkhölzer dreiseitig dicht umschlossen und auf diese Art Fäulnisgefahren geschaffen oder mit durchgehenden Dampfsperren die Vorteile der Materialien Holz und Lehm oder Ziegel zum Klimaausgleich der Bewohner aufgehoben.

Die historischen Fachwerkbauten sind zu Zeiten errichtet worden, da die Lebensgewohnheiten, der Wohnkomfort und insgesamt die Nutzungen der Bauten völlig anders als heute waren. Vor Errechnung der tatsächlichen Wärmedämmwerte von Fachwerkwänden und der Ermittlung zusätzlicher Maßnahmen werden die ursprünglichen Funktionen von Fachwerkgebäuden erläutert sowie die bauphysikalischen Gegebenheiten der Ursprungsnutzung aufgezeigt.

## Außenwanddicken als Ergebnis konstruktiver und wirtschaftlicher Erfahrungen

Die Dimensionierung von Fachwerkwänden entsprach auch im Mittelalter und den nachfolgenden Epochen ökonomischen und ökologischen Überlegungen. Die Ständer als Träger der Vertikallasten und damit auch des gewundenen Flechtwerks mit beidseitigem Lehmbewurf oder der Lehmziegel- oder Ziegelausfachung wurden in regelmäßigen Abständen erstellt, wobei das Abstandsmaß beiden Anforderungen gerecht wurde. Schwellen und Rahmen mit Fach-, Brüstungs- und Sturzriegeln ermöglichten die Gefach- und Fensterausbildung. Der Anschluß von Klappläden, Außen- und Innensimsen sowie das Andichten der Fenster an die Wand erforderten auch für Fenster- und Türöffnungen das geschlossene Gefach. Schwerter, Streben, Kopf- und Fußbänder sorgten in den Holzverbänden für die horizontale Aussteifung des Bauwerks.

Die Dicke der Lehmwände in den Gefachen wurde durch Stakung und Geflecht, Wärmedämmung, Austrocknungszeit und das zu erwartende Wandgewicht bestimmt. Die Holzquerschnitte waren das Resultat dieser Überlegungen und pendelten sich zwischen 14 und 18 cm ein. Nach den erforderlichen Holzstärken wurden die Bäume zum Fällen im Wald ausgewählt. Sollten aus konstruktiven oder ästhetischen Gründen Eckständer stärker als die Wandständer sein, so klinkte man diese Eckständer innen bis auf die Wandstärke aus.

## Nutzungen und Wohnverhalten im Fachwerkhaus

Die Hofstätten der Bauern und Bürger mußten drei Hauptnutzungsfunktionen erfüllen:

- Wohnung für die Menschen,
- Stallung für die Tiere,
- Lagerungsmöglichkeit für die Ernte.

Wohnung, Herd und Stall lagen ursprünglich bei vielen Hausformen nebeneinander, während weitere Stockwerke, vor allem aber der Dachraum, der Erntelagerung vorbehalten blieb. Alle drei Nutzungsarten erzeugen und speichern Wärme, so daß die Wärmeabgabe der häuslichen zentralen Feuerstätte für die Gebäudeinnenseite zunächst nicht von allzu großer Bedeutung war.

Menschen und Tiere geben erhebliche Mengen Wasserdampf ab, und auch die Ernte ist nicht trocken eingebracht worden. Der so entstandene Wasserdampf wurde über die offene Feuerstelle mit Rauchfang oder den Schornstein zusammen mit den Schad- und Geruchsstoffen abgeführt, wobei genügend Zuluft über die Gebäudeöffnungen, wie Fenster, Türen und Tore, gesichert war.

Mit Nutzungsänderungen in den Fachwerkhäusern, zum Beispiel durch Verlegen des Wohnens in die Obergeschosse und Belassen der Stallungen im Erdgeschoß, wurden neue Wohnverhältnisse geschaffen. Der zentrale Herd wurde oft auch zentrale Heizstätte, und die Entwicklung vom Grundofen zum Kachelofen machte ein Beheizen mit optimalen Behaglichkeitswerten möglich. Der Fußboden erhielt einen Wärmezugewinn durch die Wärmeabgabe des Stalls, und die Wärmeverluste über der Decke wurden durch Heu- und Strohauflagen im Dachraum verringert. Die meiste Wärme ging über die Außenwände einschließlich der Fenster verloren, deren Anteil jedoch lediglich zirka 30% der gesamten raumumschließenden Flächen betrug. Diese kalten Außenwände wurden in Kauf genommen. Durch entsprechendes Wohnverhalten und durch Möblierung an den Außenwänden ließ sich der behaglichere Bereich im Gebäudekern schaffen.

Wärmedämmaßnahmen an der Außenwand wurden teilweise durch hinterlüftete

Holzverkleidungen auf der Innenseite erzielt. Die Verbesserung des Wärmeschutzes im Fensterbereich erreichte man durch temporäre Wärmedämmaßnahmen, wie äußere Klappläden und Wollvorhänge innen.

Beim Niederdeutschen Hallenhaus blieben die drei Funktionen Wohnung, Stallung und Erntelagerung bis in unser Jahrhundert unter einem Dach, und damit blieben auch die ursprünglichen problemlosen bauphysikalischen Bedingungen erhalten.

## Standsicherheitsgefährdung der Holzkonstruktion durch Feuchtebelastung

Bäder und Waschküchen waren im heutigen Sinn und innerhalb der Häuser früher unbekannt, ebenso gab es Wasser- und Abwasserführungen nur wenig oder gar nicht in den Gebäuden. Die Feuchtebelastung eines Hauses beschränkte sich auf die Wasserdampfabgabe durch das Kochen sowie die natürliche Ausdünstung von Menschen und Tieren.

Das neue Wohnverhalten bezüglich der Trennung von Wohnraum, Stall und eventuell auch der Scheune entzog der Stallung die notwendige Abluftführung durch den Schornstein. Die Feuchtebelastung der Ställe führte nun durch mangelnde Wasserdampfablüftung zu Fäulnis und zur Zerstörung des Holzwerks und damit zur Gefährdung der Standsicherheit des gesamten Gebäudes. Während im mitteleuropäischen Raum viele Stallwände durch Mauern ersetzt wurden, die das Problem der Feuchte nicht lösten, baute man in den Alpenländern und Osteuropa Holzblockwände mit Porenlüftungen. Hierbei führte ein ausgeklügeltes Lüftungssystem frische Trockenluft durch die mit porösem Material zugestopften Fugen der Blockwände der Stallung zu, während die wasserdampfgesättigte Luft über Lüftungskamine abgeführt wurde. Damit hielt man das Holz trokken und verbesserte den K-Wert bis auf Null, das heißt, diese Wände hatten keine Transmissionsverluste.

Die Fachwerkwände der bewohnten Obergeschosse blieben bei den veränderten Außenwandkonstruktionen im Erdgeschoß und bei der Ausstattung mit Einzelfeuerstätten und Schornsteinlüftung ohne Feuchteschäden.

## Mindestwärmeschutz und DIN 4108

Für die Festlegung der Mindestwerte nach der DIN 4108 nahm man nicht die Fachwerkhäuser als Maßstab, denn ein Strohlehmgefach von 14 cm Stärke, beidseitig mit Kalkmörtel verputzt, erreicht die geforderten Werte nicht. Bei Beachtung der Tabellenwerte für leichte Außenwände unterschreiten die Fachwerkgefache die Forderungen noch stärker.

Die Verbesserung des Wärmeschutzes nach heutigen Forderungen bedeutet für jedes Fachwerkhaus den Verlust von Teilen des ursprünglichen Charakters, gleichgültig, ob die zusätzlichen wärmetechnischen Maßnahmen außen oder innen angebracht werden. Weiter bedeuten solche Maßnahmen auch eine Veränderung des Wasserdampfteildrucks innerhalb der Außenwände.

Die Wärmetransmission und die Wasserdampfwanderung sind miteinander verknüpfte bauphysikalische Vorgänge. Diese wiederum sind abhängig von dem Wohn- und Nutzungsverhalten der Bewohner eines Gebäudes. Durch den Einbau von Bädern, Duschen, Wasch- und Geschirrspülmaschinen bei gleichzeitiger Stillegung der Schornsteine und Wegfall der Einzelheizungen ist die Feuchtebelastung der Wohnräume stark angestiegen.

Geänderte Fensterformate mit lüftungsunfreundlichen Flügelgrößen haben die Fenster zu »Dauerlüftern« degradiert; eine Stoßlüftung ist kaum mehr möglich. Drehkippfenster erfüllen bei zugezogenen Vorhängen nicht die Forderung eines einfachen Luftwechsels, sondern lediglich die Auskühlung im Fensterbereich. Luftwechsel heißt, Luft erneuern, und dies ist nur durch Querlüftung oder durch eine »Luftwalze« zu erzielen, wenn man von mechanischen (motorischen) Zu- und Abluftanlagen absieht. Unterstützt wird die mangelnde Bereitschaft der Bewohner, ihre Räume gründlich durchzulüften, durch den Hinweis auf erhebliche Energieverluste, ohne dabei zu beachten, daß Lüften immer einen Energieaufwand in irgendeiner Form darstellt. Die Notwendigkeit des Luftaustausches in Wohnräumen besteht in erster Linie nicht in der Zuführung von Sauerstoff, sondern in der Abführung von Wasserdampf, $CO_2$-Gasen und Rauch.

# K-Wert- und Tauwasserberechnungen

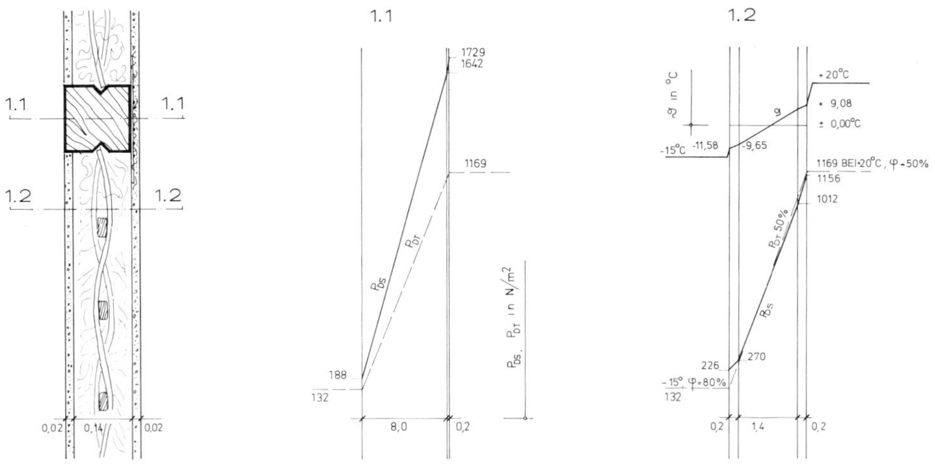


Die nachfolgenden Untersuchungen zeigen, daß zusätzliche Wärmedämmungen ohne Berücksichtigung der Lage der Taupunktebene bei Fachwerkwänden die Standsicherheit des Bauwerks gefährden können. Aus gutem Grund wird in der Fachliteratur auf den unbedingt notwendigen Nachweis des feuchtigkeitstechnischen Verhaltens von Bauteilen nach dem Glaserschema hingewiesen. Dabei darf die Standsicherheit der Konstruktion bei Durchfeuchtung von Stoffschichten nicht gefährdet werden, und eventuell angefallenes Tauwasser muß in der Austrocknungsperiode wieder aus dem Bauteil herausdiffundieren können. Dies setzt aber neben dem richtigen Schichtaufbau das richtige diffusionstechnische Vermögen der Baustoffe voraus.

Die Berechnung des Gefachs für die unter 1.0 aufgezeigte Wand geht von einer Strohlehmstakung, 14 cm stark, beidseitig mit 2 cm starkem Kalkmörtel verputzt, aus, wobei die Wärmeleitzahl für Strohlehm und Stakung mit 0,7 W/mK angenommen wird. Der Wärmedurchlaßwiderstand $1/\Lambda$ beträgt 0,246 m²K/W, der K-Wert 2,4 W/m² und Kelvin. Die Errechnung der Temperaturen im Schichtaufbau und die Beurteilung des Wasserdampfverhaltens mit Hilfe des Glaserschemas zeigen, daß bei der Annahme einer Außentemperatur von −15 °C und 80% Luftfeuchte sowie einer Innentemperatur von 20 °C und 50% Luftfeuchte gerade die Grenze erreicht ist, wo Tauwasser auftreten kann.

Die Berechnung 1.2 für die Fachwerkhölzer derselben Wand ergibt einen Wärmedurchlaßwiderstand $1/\Lambda$ mit 0,785 m²K/W und einen K-Wert von 1,05 W/m²K. Nach dem Glaserschema erfolgt kein Tauwasserniederschlag im Holz.

1.0 FACHWERK MIT STROHLEHMSTAKUNG
1.1 SCHNITT DURCH DEN HOLZPFOSTEN

| | | | | | | | 1.1 AUSSEN −15°C rel. Feuchte 80% INNEN +20°C rel. Feuchte 50% | | | −10°C 80% +20°C 50% | | | −5°C 80% +20°C 50% | | |
|---|---|---|---|---|---|---|---|---|---|---|---|---|---|---|---|
| | 1 | 2 | 3 | 4 | 5 | 6 | 7 | 8 | 9 | 10 | 11 | 12 | 13 | 14 | 15 |
| | WANDAUFBAU | d | $\lambda$ | $d/\lambda$ | $\mu$ | $\mu \cdot d$ | $\vartheta$ | $P_{DS}$ | $P_{DT}$ | $\vartheta$ | $P_{DS}$ | $P_{DT}$ | $\vartheta$ | $P_{DS}$ | $P_{DT}$ |
| | | m | W/mK | m²K/W | – | m | C° | N/m² | N/m² | C° | N/m² | N/m² | C° | N/m² | N/m² |
| $1/a$ | WÄRMEÜBERGANG AUSSEN | – | – | 0,040 | – | – | − 15,00 | | 132 (80 %) | | | | | | |
| a | EICHENHOLZ | 0,16 | 0,21 | 0,762 | 50 | 8,0 | − 13,62 | 188 | | | | | | | |
| b | KALKPUTZ | 0,02 | 0,87 | 0,023 | 10 | 0,2 | + 14,37 | 1642 | | | | | | | |
| c | | | | | | | + 15,22 | 1729 | | | | | | | |
| d | | | | | | | | | | | | | | | |
| e | | | | | | | | | | | | | | | |
| f | | | | | | | | | | | | | | | |
| $1/a$ | WÄRMEÜBERGANG INNEN | – | – | 0,130 | – | – | + 20,00 | | 1169 (50 %) | | | | | | |
| | | | $1/K$ = | 0,955 | 1,05 W/m²K | | $\Delta\vartheta$ = 35°C; Q = 1,05 . 35 = 36,75 W/m² | | | $\Delta\vartheta$ = 30°C; Q | | | $\Delta\vartheta$ = 25°C; Q | | |
| | | | K = | - | | | | | | | | | | | |
| | | | $1/\Lambda$ = | 0,878 | | | | | | | | | | | |

1.0 FACHWERK MIT STROHLEHMSTAKUNG
1.2 SCHNITT DURCH DAS GEFACH

| | | | | | | | 1.2 AUSSEN −15°C rel. Feuchte 80% INNEN +20°C rel. Feuchte 50% | | | −10°C 80% +20°C 50% | | | −5°C 80% +20°C 50% | | |
|---|---|---|---|---|---|---|---|---|---|---|---|---|---|---|---|
| | 1 | 2 | 3 | 4 | 5 | 6 | 7 | 8 | 9 | 10 | 11 | 12 | 13 | 14 | 15 |
| | WANDAUFBAU | d | $\lambda$ | $d/\lambda$ | $\mu$ | $\mu \cdot d$ | $\vartheta$ | $P_{DS}$ | $P_{DT}$ | $\vartheta$ | $P_{DS}$ | $P_{DT}$ | $\vartheta$ | $P_{DS}$ | $P_{DT}$ |
| | | m | W/mK | m²K/W | – | m | C° | N/m² | N/m² | C° | N/m² | N/m² | C° | N/m² | N/m² |
| $1/a$ | WÄRMEÜBERGANG AUSSEN | – | – | 0,040 | – | – | − 15,00 | | 132 (80 %) | | | | | | |
| a | KALKPUTZ | 0,02 | 0,87 | 0,023 | 10 | 0,2 | − 11,58 | 226 | | | | | | | |
| b | STROHLEHM | 0,14 | 0,70 | 0,200 | 20 | 1,4 | − 9,65 | 270 | | | | | | | |
| c | KALKPUTZ | 0,02 | 0,87 | 0,023 | 10 | 0,2 | + 7,15 | 1012 | | | | | | | |
| d | | | | | | | + 9,08 | 1156 | | | | | | | |
| e | | | | | | | | | | | | | | | |
| f | | | | | | | | | | | | | | | |
| $1/a$ | WÄRMEÜBERGANG INNEN | – | – | 0,130 | – | – | + 20,00 | | 1169 (50 %) | | | | | | |
| | | | $1/K$ = | 0,416 | 2,40 W/m²K | | $\Delta\vartheta$ = 35°C; Q = 2,4.35 = 84 W/m² | | | $\Delta\vartheta$ = 30°C; Q | | | $\Delta\vartheta$ = 25°C; Q | | |
| | | | K = | - | | | | | | | | | | | |
| | | | $1/\Lambda$ = | 0,246 | | | | | | | | | | | |

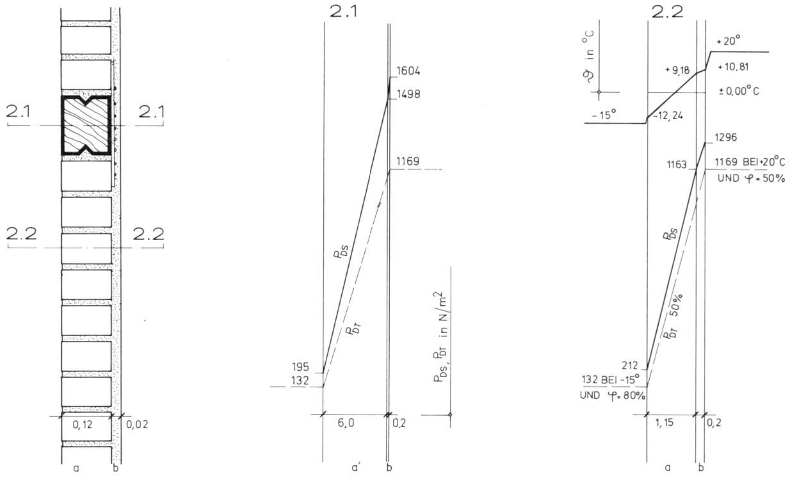


Die Wand mit 11,5 cm starker Ziegelausfachung gemäß Beispiel 2.0 hat ähnliche Werte wie die mit Lehm ausgefachte Wand, und auch hier ist nicht mit Tauwasserniederschlag zu rechnen.

| | 2.0 FACHWERK MIT ZIEGELAUSMAUERUNG<br>2.1 SCHNITT DURCH DEN HOLZPFOSTEN | | | | | | 2.1<br>AUSSEN -15°C rel. Feuchte 80%<br>INNEN +20°C rel. Feuchte 50% | | | -10°C 80%<br>+20°C 50% | | | -5°C 80%<br>+20°C 50% | | |
|---|---|---|---|---|---|---|---|---|---|---|---|---|---|---|---|
| | 1 | 2 | 3 | 4 | 5 | 6 | 7 | 8 | 9 | 10 | 11 | 12 | 13 | 14 | 15 |
| | WANDAUFBAU | d | λ | d/λ | μ | μ·d | ϑ | $P_{DS}$ | $P_{DT}$ | ϑ | $P_{DS}$ | $P_{DT}$ | ϑ | $P_{DS}$ | $P_{DT}$ |
| | | m | W/mK | m²K/W | – | m | C° | N/m² | N/m² | C° | N/m² | N/m² | C° | N/m² | N/m² |
| 1/c | WÄRMEÜBERGANG AUSSEN | – | – | 0,040 | – | – | - 15,00 | - | 132 (80 %) | | | | | | |
| | | | | | | | - 13,19 | 195 | | | | | | | |
| a | EICHENHOLZ | 0,12 | 0,21 | 0,571 | 50 | 6,0 | + 12,98 | 1498 | | | | | | | |
| b | KALKPUTZ | 0,02 | 0,87 | 0,023 | 10 | 0,2 | + 14,04 | 1604 | | | | | | | |
| c | | | | | | | | | | | | | | | |
| d | | | | | | | | | | | | | | | |
| e | | | | | | | | | | | | | | | |
| f | | | | | | | | | | | | | | | |
| 1/a | WÄRMEÜBERGANG INNEN | – | – | 0,130 | – | – | + 20,00 | - | 1169 =50% | | | | | | |
| | | 1/K = | | 0,764 | 1,31 W/m²K | | Δϑ = 35°C<br>Q = 1,31 x 35=45,85 W/m² | | | Δϑ = 30°C<br>Q | | | Δϑ = 25°C<br>Q | | |
| | | K = | | - | | | | | | | | | | | |
| | | 1/Δ = | | 0,594 | | | | | | | | | | | |

| | 2.0 FACHWERK MIT ZIEGELAUSMAUERUNG<br>2.2 SCHNITT DURCH DAS GEFACH | | | | | | 2.2<br>AUSSEN -15°C rel. Feuchte 80%<br>INNEN +20°C rel. Feuchte 50% | | | -10°C 80%<br>+20°C 50% | | | -5°C 80%<br>+20°C 50% | | |
|---|---|---|---|---|---|---|---|---|---|---|---|---|---|---|---|
| | 1 | 2 | 3 | 4 | 5 | 6 | 7 | 8 | 9 | 10 | 11 | 12 | 13 | 14 | 15 |
| | WANDAUFBAU | d | λ | d/λ | μ | μ·d | ϑ | $P_{DS}$ | $P_{DT}$ | ϑ | $P_{DS}$ | $P_{DT}$ | ϑ | $P_{DS}$ | $P_{DT}$ |
| | | m | W/mK | m²K/W | – | m | C° | N/m² | N/m² | C° | N/m² | N/m² | C° | N/m² | N/m² |
| 1/a | WÄRMEÜBERGANG AUSSEN | – | – | 0,040 | – | – | - 15,00 | - | 132 (80 %) | | | | | | |
| | | | | | | | - 12,24 | 212 | | | | | | | |
| a | HLz 700 kg/m³ | 0,115 | 0,38 | 0,303 | 10 | 1,15 | + 9,18 | 1163 | | | | | | | |
| b | KALKPUTZ INNEN | 0,02 | 0,87 | 0,023 | 10 | 0,20 | + 10,81 | 1296 | | | | | | | |
| c | | | | | | | | | | | | | | | |
| d | | | | | | | | | | | | | | | |
| e | | | | | | | | | | | | | | | |
| f | | | | | | | | | | | | | | | |
| 1/a | WÄRMEÜBERGANG INNEN | – | – | 0,130 | – | – | + 20,00 | - | 1169 (50 %) | | | | | | |
| | | 1/K = | | 0,496 | 2,02 W/m²K | | Δϑ = 35°C<br>Q = | | | Δϑ = 30°C<br>Q | | | Δϑ = 25°C<br>Q | | |
| | | K = | | - | | | | | | | | | | | |
| | | 1/Δ = | | 0,326 | | | | | | | | | | | |

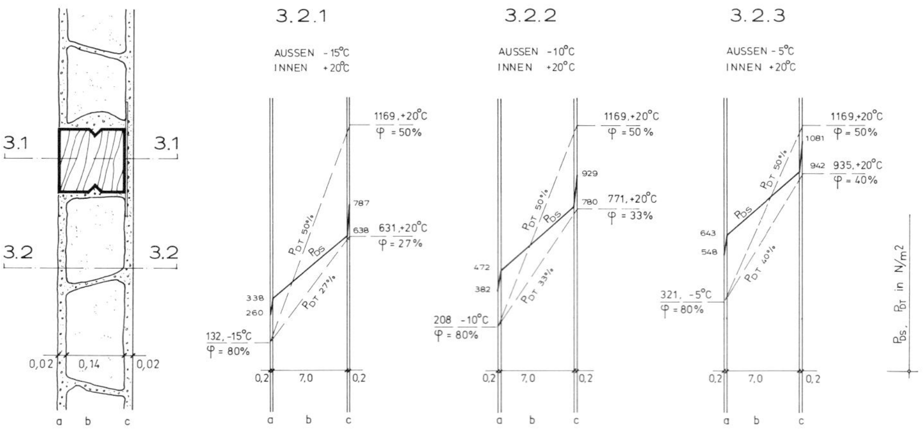


Die Beispiele 3.0 und 4.0 gehen im ersten Fall von einer wärmedämmäßig sehr ungünstigen Sandsteinausfachung aus, im anderen Fall von der wärmetechnisch günstigen Kombination einer Bohlenwand mit Strohlehmauftrag, wie sie in Nordwürttemberg früher öfter vorkam. Bei der Sandsteinausfachung – meist nur Nebengebäude – ist bei −15° Außentemperatur ab 27% relativer Luftfeuchte mit Tauwasser zu rechnen, bei der Bohlenwand bei −15°C erst ab 31% relativer Luftfeuchte.

Insgesamt zeigen die Untersuchungen 1.0 bis 2.0, daß bei den historischen Fachwerkwandaufbauten auch bei den in den Rechnungen angenommenen extremen Temperaturdifferenzen im Winter und selbst bei Aufheizung der Räume nach heutigem Wohnkomfort die Taupunktebenen nicht in der Wand lagen und damit keine Gefahren für das Fachwerk aufgrund von ausfallendem Kondensat bestanden. Auch die seit Beginn dieses Jahrhunderts in größerem Maße vorkommenden Ausmauerungen mit Bimssteinen (Leichtbetonvollsteinen) sind bauphysikalisch unproblematisch.

3.0 FACHWERK MIT SANDSTEINAUSMAUERUNG
3.2 SCHNITT DURCH DAS GEFACH

| | | | | | | | 3.2.1 AUSSEN −15°C, rel. Feuchte 80%; INNEN +20°C, rel. Feuchte 50% | | | 3.2.2 −10°C, 80%; +20°C, 50% | | | 3.2.3 −5°C, 80%; +20°C, 50% | | |
|---|---|---|---|---|---|---|---|---|---|---|---|---|---|---|---|
| | 1 | 2 | 3 | 4 | 5 | 6 | 7 | 8 | 9 | 10 | 11 | 12 | 13 | 14 | 15 |
| | WANDAUFBAU | d | λ | d/λ | μ | μ · d | ϑ | $P_{DS}$ | $P_{DT}$ | ϑ | $P_{DS}$ | $P_{DT}$ | ϑ | $P_{DS}$ | $P_{DT}$ |
| | | m | W/mK | m²K/W | – | m | C° | N/m² | N/m² | C° | N/m² | N/m² | C° | N/m² | N/m² |
| 1/α | WÄRMEÜBERGANG AUSSEN | – | – | 0,040 | – | – | − 15,00 | – | 132 (80 %) | − 10,00 | – | 208 (80 %) | − 5,00 | – | 321,6 (80 %) |
| a | KALKPUTZ | 0,02 | 0,87 | 0,023 | 10 | 0,20 | − 9,90 | 260 | | − 5,63 | 382 | | − 1,36 | 548 | |
| b | SANDSTEIN | 0,14 | 2,33 | 0,060 | 50 | 7,00 | − 6,99 | 338 | | − 3,13 | 472 | | + 0,72 | 643 | |
| c | KALKPUTZ | 0,02 | 0,87 | 0,023 | 10 | 0,20 | + 0,62 | 638 | | + 3,38 | 780 | | + 6,15 | 942 | |
| d | | | | | | | + 3,53 | 787 | | + 5,88 | 929 | | + 8,23 | 1081 | |
| e | | | | | | | | | | | | | | | |
| 1/α | WÄRMEÜBERGANG INNEN | – | – | 0,130 | – | – | + 20,00 | – | 1169 (50 %) | + 20,00 | – | 1169 (50 %) | + 20,00 | – | 1169 (50 %) |
| | | | 1/K = | 0,276 | 3,62 W/m²K | | Δϑ = 35°C; Q = 3,62 · 35 = 126,7 W/m² | | | Δϑ = 30°C; Q = 3,62 . 30 = 108,6 W/m² | | | Δϑ = 25°C; Q = 3,62 . 25 = 90,5 W/m² | | |
| | | | K = | - | | | | | | | | | | | |
| | | | 1/Λ = | 0,106 | | | | | | | | | | | |

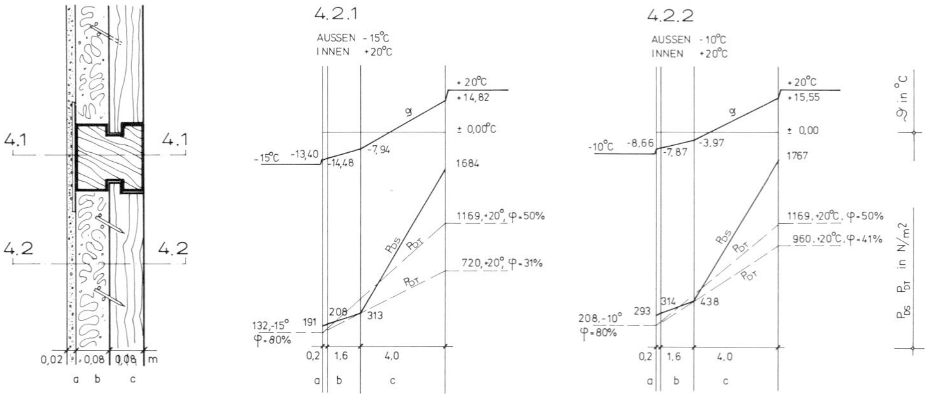


4.0 FACHWERK MIT BOHLEN UND STROHLEHM
4.2 SCHNITT DURCH DAS GEFACH

| | | | | | | | 4.2.1 AUSSEN −15°C, rel. Feuchte 80%; INNEN +20°C, rel. Feuchte 50% | | | 4.2.2 −10°C, 80%; +20°C, 50% | | | −5°C, 80%; +20°C, 50% | | |
|---|---|---|---|---|---|---|---|---|---|---|---|---|---|---|---|
| | 1 | 2 | 3 | 4 | 5 | 6 | 7 | 8 | 9 | 10 | 11 | 12 | 13 | 14 | 15 |
| | WANDAUFBAU | d | λ | d/λ | μ | μ · d | ϑ | $P_{DS}$ | $P_{DT}$ | ϑ | $P_{DS}$ | $P_{DT}$ | ϑ | $P_{DS}$ | $P_{DT}$ |
| | | m | W/mK | m²K/W | – | m | C° | N/m² | N/m² | C° | N/m² | N/m² | C° | N/m² | N/m² |
| 1/α | WÄRMEÜBERGANG AUSSEN | – | – | 0,040 | – | – | − 15,00 | – | 132 (80 %) | − 10,00 | – | 208 (80 %) | | | |
| a | KALKPUTZ | 0,02 | 0,87 | 0,023 | 10 | 0,20 | − 13,40 | 191 | | − 8,66 | | | | | |
| b | STROHLEHM | 0,08 | 0,70 | 0,114 | 20 | 1,60 | − 12,48 | 208 | | − 7,87 | | | | | |
| c | HOLZBOHLEN | 0,08 | 0,14 | 0,571 | 50 | 4,00 | − 7,94 | 313 | | − 3,97 | | | | | |
| d | | | | | | | + 14,82 | 1684 | | + 15,55 | | | | | |
| e | | | | | | | | | | | | | | | |
| 1/α | WÄRMEÜBERGANG INNEN | – | – | 0,130 | – | – | + 20,00 | | 1169 (50 %) | + 20,00 | – | 1169 (50 %) | | | |
| | | | 1/K = | 0,878 | 1,14 W/m²K | | Δϑ = 35°C; Q = 1,14 . 35 = 39,86 W/m² | | | Δϑ = 30°C; Q = 1,14 . 30 = 34,2 W/m² | | | Δϑ = 25°C; Q | | |
| | | | K = | - | | | | | | | | | | | |
| | | | 1/Λ = | 0,708 | | | | | | | | | | | |

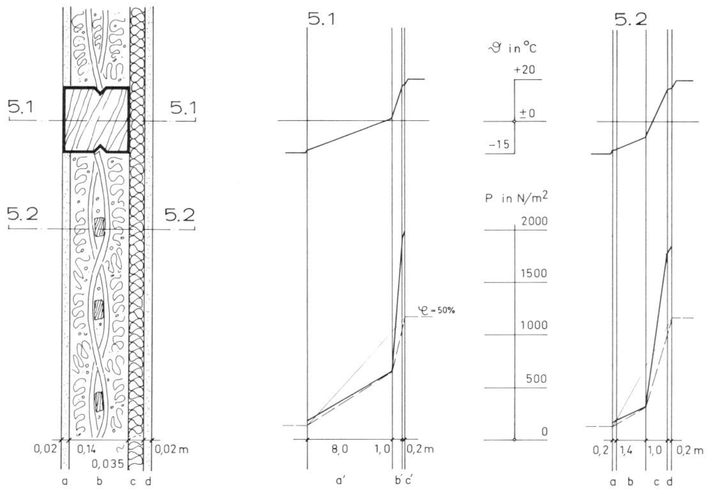


Das Rechenbeispiel 5.0 beschäftigt sich mit einem 14 cm starken Strohlehmgefach mit 2 cm Außenputz aus Kalkmörtel und einer Innendämmung aus Holzwolle-Leichtbauplatten mit Hartschaum kaschiert, 3,5 cm stark. Diese Platte ist mit einem Kalkputz versehen. Mit einer solchen Maßnahme wird der Wärmedurchlaßwiderstand wesentlich erhöht; er liegt doppelt so hoch wie in Tafel 10.4 d der DIN 1053, Mindestwerte für leichte Außenwände mit Gewichten um 200 kg/m², gefordert. Der K-Wert verbessert sich auf 0,81 W/m²K. Dadurch wird die Oberflächentemperatur auf der Wandinnenseite deutlich erhöht und die Gesamtbehaglichkeit optimiert. Der Temperaturverlauf in der Schicht fällt aber rapide ab, so daß sich Tauwasserbefall über die gesamte Wandstärke bilden kann. Auch das innengedämmte Eichenholz rückt in den kalten Bereich und erhält Kondensatausfall.

5.0 FACHWERK MIT STROHLEHMSTAKUNG UND ZUSÄTZLICHER INNERER WÄRMRDÄMMUNG

5.1 SCHNITT DURCH DAS HOLZ

| 5.1 | | |
|---|---|---|
| AUSSEN −15°C, rel. Feuchte 80 % | −10°C, 80 % | −5°C, 80 % |
| INNEN +20°C, rel. Feuchte 50 % | +20°C, 50 % | +20°C, 50 % |

| | 1 | 2 | 3 | 4 | 5 | 6 | 7 | 8 | 9 | 10 | 11 | 12 | 13 | 14 | 15 |
|---|---|---|---|---|---|---|---|---|---|---|---|---|---|---|---|
| | WANDAUFBAU | d | λ | d/λ | μ | μ · d | ϑ | $P_{DS}$ | $P_{DT}$ | ϑ | $P_{DS}$ | $P_{DT}$ | ϑ | $P_{DS}$ | $P_{DT}$ |
| | | m | W/mK | m²K/W | – | m | C° | N/m² | N/m² | C° | N/m² | N/m² | C° | N/m² | N/m² |
| 1/a | WÄRMEÜBERGANG AUSSEN | – | – | 0,040 | – | – | − 15,00 | – | 132 (80 %) | | | | | | |
| a | EICHENHOLZ | 0,16 | 0,21 | 0,762 | 50 | 8,0 | − 14,20 | 178 | | | | | | | |
| b | HOLZWOLLE-HARTSCHAUM | 0,035 | 0,043 | 0,814 | 50 | 1,0 | + 0,87 | 652 | | | | | | | |
| c | KALKPUTZ | 0,02 | 0,870 | 0,023 | 10 | 0,2 | + 16,97 | 1938 | | | | | | | |
| d | | | | | | | + 17,43 | 1992 | | | | | | | |
| e | | | | | | | | | | | | | | | |
| f | | | | | | | | | | | | | | | |
| 1/a | WÄRMEÜBERGANG INNEN | – | – | 0,130 | – | – | + 20,00 | – | 1169 (50 %) | | | | | | |
| | | | 1/K = | 1,769 | | | Δϑ = 35°C | | | Δϑ = 30°C | | | Δϑ = 25°C | | |
| | | | K = | – | 0,565 W/m²K | | Q = 0,565 . 35 = 19,78 W/m² | | | Q | | | Q | | |
| | | | 1/Λ = | 1,599 | | | | | | | | | | | |

5.0 FACHWERK MIT STROHLEHMSTAKUNG UND ZUSÄTZLICHER INNERER WÄRMEDÄMMUNG

5.2 SCHNITT DURCH DAS GEFACH

| 5.2 | | |
|---|---|---|
| AUSSEN −15°C, rel. Feuchte 80 % | −10°C, 80 % | −5°C, 80 % |
| INNEN +20°C, rel. Feuchte 50 % | +20°C, 50 % | +20°C, 50 % |

| | 1 | 2 | 3 | 4 | 5 | 6 | 7 | 8 | 9 | 10 | 11 | 12 | 13 | 14 | 15 |
|---|---|---|---|---|---|---|---|---|---|---|---|---|---|---|---|
| | WANDAUFBAU | d | λ | d/λ | μ | μ · d | ϑ | $P_{DS}$ | $P_{DT}$ | ϑ | $P_{DS}$ | $P_{DT}$ | ϑ | $P_{DS}$ | $P_{DT}$ |
| | | m | W/mK | m²K/W | – | m | C° | N/m² | N/m² | C° | N/m² | N/m² | C° | N/m² | N/m² |
| 1/a | WÄRMEÜBERGANG AUSSEN | – | – | 0,040 | – | – | − 15,00 | – | 132 (80 %) | | | | | | |
| a | KALKPUTZ | 0,02 | 0,870 | 0,023 | 10 | 0,20 | − 13,86 | 184 | | | | | | | |
| b | STROHLEHM | 0,14 | 0,700 | 0,200 | 10 | 1,40 | − 13,20 | 195 | | | | | | | |
| c | HOLZWOLLE-HARTSCHAUM | 0,035 | 0,043 | 0,814 | 50 | 1,00 | − 7,51 | 324 | | | | | | | |
| d | KALKPUTZ | 0,02 | 0,870 | 0,023 | 10 | 0,20 | + 15,65 | 1778 | | | | | | | |
| e | | | | | | | + 16,30 | 1854 | | | | | | | |
| f | | | | | | | | | | | | | | | |
| 1/a | WÄRMEÜBERGANG INNEN | – | – | 0,130 | – | – | + 20,00 | – | 1169 (50 %) | | | | | | |
| | | | 1/K = | 1,230 | | | Δϑ = 35°C | | | Δϑ = 30°C | | | Δϑ = 25°C | | |
| | | | K = | – | 0,81 W/m²K | | Q = 0,81 . 35 = 28,45 W/m² | | | Q | | | Q | | |
| | | | 1/Λ = | 1,06 | | | | | | | | | | | |

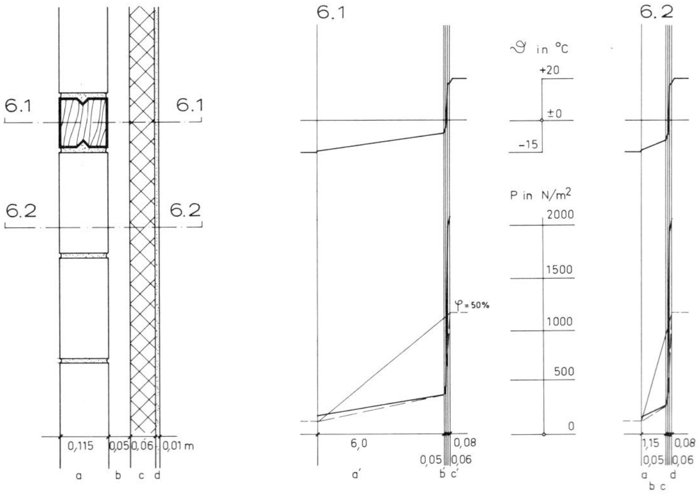


Eine Fachwerkwand mit Innenschale, ausgeführt nach dem Beispiel 6.0, wird auch bei Beachtung der DIN 1053 einen Tauwasserniederschlag im Holzbereich nicht ausschließen können, zumal eine zusätzliche Feuchtebelastung durch Schlagregen nicht völlig ausgeschlossen werden kann. Wenn solche Konstruktionen ausgeführt werden, ist es deshalb unumgänglich, eine einwandfreie Luftzirkulation in der Luftschicht zwischen Fachwerkwand und Dämmung zu erreichen, damit die auftretende Feuchtigkeit mit durchströmender Luft wieder abgeführt werden kann. Für eine solche Luftzirkulation müssen unter der Schwelle ausreichende Zuluftöffnungen geschaffen und ebensolche Öffnungen über dem Rähm für die Abluft eingebaut werden.

6.0 FACHWERK MIT ZIEGELAUSFACHUNG, LUFTSCHICHT UND STEINWOLLE AUF DER INNENSEITE

6.1 SCHNITT DURCH DAS HOLZ

| | 6.1<br>AUSSEN −15°C<br>rel. Feuchte 80 %<br>INNEN +20°C<br>rel. Feuchte 50 % | | | | | | | | | −10°C<br>80%<br>+20°C<br>50% | | | −5°C<br>80%<br>+20°C<br>50% | | |
|---|---|---|---|---|---|---|---|---|---|---|---|---|---|---|---|
| | 1 | 2 | 3 | 4 | 5 | 6 | 7 | 8 | 9 | 10 | 11 | 12 | 13 | 14 | 15 |
| | WANDAUFBAU | d | λ | d/λ | μ | μ · d | ϑ | $P_{DS}$ | $P_{DT}$ | ϑ | $P_{DS}$ | $P_{DT}$ | ϑ | $P_{DS}$ | $P_{DT}$ |
| | | m | W/mK | m²K/W | – | m | C° | N/m² | N/m² | C° | N/m² | N/m² | C° | N/m² | N/m² |
| 1/a | WÄRMEÜBERGANG AUSSEN | – | – | 0,040 | – | – | − 15,00 | – | 132 (80 %) | | | | | | |
| a | HOLZ | 0,12 | 0,21 | 0,571 | 50 | 6,0 | − 14,42 | 175 | | | | | | | |
| b | LUFTSCHICHT | 0,05 | – | 0,160 | 1 | 0,05 | − 6,13 | 365 | | | | | | | |
| c | STEINWOLLE | 0,66 | 0,041 | 1,463 | 1 | 0,06 | − 3,81 | 445 | | | | | | | |
| d | GIPSSCHALE | 0,01 | 0,21 | 0,048 | 8 | 0,08 | + 17,42 | 1987 | | | | | | | |
| e | | | | | | | + 18,11 | 2077 | | | | | | | |
| f | | | | | | | | | | | | | | | |
| 1/a | WÄRMEÜBERGANG INNEN | – | – | 0,130 | – | — | 20,00 | – | 1169 (50 %) | | | | | | |
| | | 1/K = | | 2,412 | 0,41 W/m²K | | Δϑ = 35°C | | | Δϑ = 30°C | | | Δϑ = 25°C | | |
| | | K = | | – | | | Q = 0,41 . 35 = 14,51 W/m² | | | Q | | | Q | | |
| | | 1/Λ = | | 2,242 | | | | | | | | | | | |

6.0 FACHWERK MIT ZIEGELAUSFACHUNG, LUFTSCHICHT UND STEINWOLLE AUF DER INNENSEITE

6.2 SCHNITT DURCH DAS GEFACH

| | 6.2<br>AUSSEN −15°C<br>rel. Feuchte 80 %<br>INNEN +20°C<br>rel. Feuchte 50 % | | | | | | | | | −10°C<br>80%<br>+20°C<br>50% | | | −5°C<br>80%<br>+20°C<br>50% | | |
|---|---|---|---|---|---|---|---|---|---|---|---|---|---|---|---|
| | 1 | 2 | 3 | 4 | 5 | 6 | 7 | 8 | 9 | 10 | 11 | 12 | 13 | 14 | 15 |
| | WANDAUFBAU | d | λ | d/λ | μ | μ · d | ϑ | $P_{DS}$ | $P_{DT}$ | ϑ | $P_{DS}$ | $P_{DT}$ | ϑ | $P_{DS}$ | $P_{DT}$ |
| | | m | W/mK | m²K/W | – | m | C° | N/m² | N/m² | C° | N/m² | N/m² | C° | N/m² | N/m² |
| 1/a | WÄRMEÜBERGANG AUSSEN | – | – | 0,040 | – | – | − 15,00 | – | 132 (80 %) | | | | | | |
| a | HLz | 0,115 | 0,38 | 0,303 | 10 | 1,15 | − 14,32 | 176 | | | | | | | |
| b | LUFTSCHICHT | 0,05 | – | 0,160 | 1 | 0,05 | − 9,37 | 274 | | | | | | | |
| c | STEINWOLLE | 0,06 | 0,041 | 1,463 | 1 | 0,06 | − 6,76 | 346 | | | | | | | |
| d | GIPSSCHALE | 0,01 | 0,21 | 0,048 | 8 | 0,08 | + 17,10 | 1950 | | | | | | | |
| e | | | | | | | + 17,88 | 2051 | | | | | | | |
| f | | | | | | | | | | | | | | | |
| 1/a | WÄRMEÜBERGANG INNEN | – | – | 0,130 | – | — | + 20,00 | – | 1169 (50 %) | | | | | | |
| | | 1/K = | | 2,144 | 0,466 W/m²K | | Δϑ = 35°C | | | Δϑ = 30°C | | | Δϑ = 25°C | | |
| | | K = | | – | | | Q = 0,466 . 35 = 16,31 W/m² | | | Q | | | Q | | |
| | | 1/Λ = | | 1,974 | | | | | | | | | | | |

Bei dem Verbesserungsvorschlag nach 7.0 ist ein hochwärmedämmender offenporiger Außenputz vorgesehen mit der Wärmeleitzahl 0,05 W/m$^2$K und auf der Innenseite eine Holzwolle-Leichtbauplatte, 2,5 cm. Bei diesem Schichtaufbau ist kein Tauwasserniederschlag zu befürchten, und die K-Zahl des Gefaches liegt im günstigen Bereich. Hier gäbe es die Möglichkeit, die äußere Wärmedämmung noch stärker aufzubauen und damit den K-Wert noch günstiger darzustellen, aber dann sind Wärmespannungen innerhalb des Gefaches selbst zu erwarten, die zu Rißbildungen führen und das Abreißen am Holz veranlassen können. Ähnlich gute Werte sind mit einem Wandaufbau mit äußerem Wärmedämmputz und einer Gipskartonplatte mit 1 cm Luftzwischenraum zur Fachwerkwand innen zu erzielen.

Anzustreben ist ein möglichst gleichmäßiger Temperaturverlauf von innen nach außen mit einer deutlich unter dem Wasserdampfsättigungsdruck liegenden Wasserdampfteildrucklinie. Offenporige Baumaterialien (siehe Kapitel Neuverputz und Neuanstrich) sollen bei Extrembelastungen auftretendes Tauwasser schnell wieder nach außen oder aber nach innen zur Raumseite hin abführen.

| 7.0 FACHWERK MIT DÄMMPUTZ AUSSEN STROHLEHM, HWL-PLATTE, KALKPUTZ<br>7.1 SCHNITT DURCH DAS HOLZ | | | | | | | 7.1<br>AUSSEN -15°C<br>rel. Feuchte 80%<br>INNEN +20°C<br>rel. Feuchte 50% | | | -10°C<br>80%<br>+20°C<br>50% | | | -5°C<br>80%<br>+20°C<br>50% | | |
|---|---|---|---|---|---|---|---|---|---|---|---|---|---|---|---|
| | 1 | 2 | 3 | 4 | 5 | 6 | 7 | 8 | 9 | 10 | 11 | 12 | 13 | 14 | 15 |
| | WANDAUFBAU | d | $\lambda$ | $d/\lambda$ | $\mu$ | $\mu \cdot d$ | $\vartheta$ | $P_{DS}$ | $P_{DT}$ | $\vartheta$ | $P_{DS}$ | $P_{DT}$ | $\vartheta$ | $P_{DS}$ | $P_{DT}$ |
| | | m | W/mK | m$^2$K/W | – | m | C° | N/m$^2$ | N/m$^2$ | C° | N/m$^2$ | N/m$^2$ | C° | N/m$^2$ | N/m$^2$ |
| $1/a$ | WÄRMEÜBERGANG AUSSEN | – | – | 0,040 | – | - | - 15,00 | - | 132 (80 %) | | | | | | |
| a | EICHENHOLZ | 0,16 | 0,21 | 0,762 | 50 | 8,0 | - 13,76 | 185 | | | | | | | |
| b | | | | | | | + 9,77 | 1210 | | | | | | | |
| c | HOLZWOLLELEICHT-BAUPLATTEN | 0,025 | 0,14 | 0,178 | 5 | 0,125 | - | | | | | | | | |
| d | KALKPUTZ | 0,020 | 0,87 | 0,023 | 10 | 0,10 | + 15,27 | 1739 | | | | | | | |
| e | | | | | | | + 15,98 | 1818 | | | | | | | |
| f | | | | | | | | | | | | | | | |
| $1/a$ | WÄRMEÜBERGANG INNEN | – | – | 0,130 | – | — | + 20,00 | | 1169 (50 %) | | | | | | |
| | $1/K$ =<br>K =<br>$1/\Lambda$ = | | | 1,133<br>-<br>0,963 | 0,88 W/m$^2$K | | $\Delta\vartheta$ = 35°C<br>Q = 0,88 . 35=30,89 W/m$^2$ | | | $\Delta\vartheta$ = 30°C<br>Q | | | $\Delta\vartheta$ = 25°C<br>Q | | |

| 7.0 FACHWERK MIT DÄMMPUTZ AUSSEN STROHLEHM, HWL-PLATTE, KALKPUTZ<br>7.2 SCHNITT DURCH DAS GEFACH | | | | | | | 7.2<br>AUSSEN -15°C<br>rel. Feuchte 80%<br>INNEN +20°C<br>rel. Feuchte 50% | | | -10°C<br>80%<br>+20°C<br>50% | | | -5°C<br>80%<br>+20°C<br>50% | | |
|---|---|---|---|---|---|---|---|---|---|---|---|---|---|---|---|
| | 1 | 2 | 3 | 4 | 5 | 6 | 7 | 8 | 9 | 10 | 11 | 12 | 13 | 14 | 15 |
| | WANDAUFBAU | d | $\lambda$ | $d/\lambda$ | $\mu$ | $\mu \cdot d$ | $\vartheta$ | $P_{DS}$ | $P_{DT}$ | $\vartheta$ | $P_{DS}$ | $P_{DT}$ | $\vartheta$ | $P_{DS}$ | $P_{DT}$ |
| | | m | W/mK | m$^2$K/W | – | m | C° | N/m$^2$ | N/m$^2$ | C° | N/m$^2$ | N/m$^2$ | C° | N/m$^2$ | N/m$^2$ |
| $1/a$ | WÄRMEÜBERGANG AUSSEN | – | – | 0,040 | – | - | - 15,00 | - | 132 (80 %) | | | | | | |
| a | DÄMMPUTZ | 0,020 | 0,05 | 0,400 | 5 | 0,10 | - 13,55 | 190 | | | | | | | |
| b | STROHLEHM | 0,140 | 0,70 | 0,200 | 10 | 1,40 | + 0,86 | 650 | | | | | | | |
| c | HOLZWOLLELEICHT-BAUPLATTEN | 0,025 | 0,14 | 0,178 | 5 | 0,125 | + 8,07 | 1080 | | | | | | | |
| d | KALKPUTZ | 0,020 | 0,87 | 0,023 | 10 | 0,10 | + 14,48 | 1652 | | | | | | | |
| e | | | | | | | + 15,31 | 1739 | | | | | | | |
| f | | | | | | | | | | | | | | | |
| $1/a$ | WÄRMEÜBERGANG INNEN | – | – | 0,130 | – | — | + 20,00 | - | 1169 (50 %) | | | | | | |
| | $1/K$ =<br>K =<br>$1/\Lambda$ = | | | 0,971<br>-<br>0,801 | 1,03 W/m$^2$K | | $\Delta\vartheta$ = 35°C<br>Q = 1,03 . 35= 36,04 W/m$^2$ | | | $\Delta\vartheta$ = 30°C<br>Q | | | $\Delta\vartheta$ = 25°C<br>Q | | |

# Anmerkungen

1 Siehe Gerner, M.: Fachwerk – Entstehung, Gefüge, Instandsetzung. Hier ist die Entwicklung des Fachwerks aus konstruktiver Sicht ausführlich abgehandelt.
2 Schäfer, C.: Deutsche Holzbaukunst.
3 Walbe, H.: Das hessisch-fränkische Fachwerk.
4 Phleps, H.: Alemannische Holzbaukunst, S. 74 ff.
5 Hansen, W., u. Kreft, H.: Fachwerk im Weserraum.
6 Einen solchen Versuch macht z. B. Heinz in seinen Studien über die ehemalige freie Reichsstadt Wetzlar und ihre Bauten.
7 Gerner, M.: Fachwerk in Frankfurt am Main, S. 10 ff. Eine ausführliche Monografie zu diesem Haus ist in Arbeit.
8 Gerner, M.: Gutachten über den denkmalpflegerischen, kulturgeschichtlichen und baugeschichtlichen Wert des historischen Salzhauses, für das Salzhauskomitee, Frankfurt 1983.
9 Binding, G., u. a.: Kleine Kunstgeschichte des deutschen Fachwerks, S. 168.
10 Schomann, H.: Bayern nördlich der Donau, S. 104, 149, 187 u. 197.
11 Gerner, M.: Fachwerk in Frankfurt am Main, S. 61 u. 105.
12 Suckow, L. J. D.: Erste Gründe der bürgerlichen Baukunst, S. 31.
13 Schäfer, C.: Deutsche Holzbaukunst, S. 26.
14 Bomann, W.: Bäuerliches Hauswesen und Tagewerk im alten Niedersachsen, S. 10 ff.
15 Hüttmann, L.: Neuer Schauplatz der Künste und Handwerke, S. 3 ff.
16 Christian Baur berichtet im Jahrbuch der Bayerischen Denkmalpflege Nr. 32 ausführlich über die übereinanderliegenden Fassungen, die Hermann Wiedl am Mesnerhaus feststellen konnte, und über die aufgefundenen fünf Fassungen am Riffelmacherhaus in Roth.
17 Wengerter, H.: Ochsenblut – eine Farbe?
18 Diesen Befund fand der Autor in großen Partien. Offensichtlich war das Gebäude schon kurz nach der ersten farbigen Behandlung mit einem Schieferschirm versehen worden.
19 Schneider, U., und Schauer, H. H.: Zur Farbigkeit von Fachwerkfassaden im Harzgebiet.
20 d'Apligny, le P.: Abhandlung von den Farben und ihrem Gebrauch, S. 123.
21 d'Apligny, a.a.O., S. 215.
22 Schmidt, F. C.: Der bürgerliche Baumeister, S. 144.
23 Schmidts Hinweis zeigt einmal mehr, daß neben »Brandunsicherheit« und Brandverhütungsvorschriften ein wesentlicher Grund zum Zuputzen von Fachwerkbauten darin bestand, daß man diese Häuser »als aus guten gehauenen Steinen« erbaut darstellen wollte.
24 Hüttmann, L.: a.a.O., S. 341.
25 Bleibaum schreibt noch 1957 in: Das hessische Fachwerk und seine Pflege, S. 15: »Auch Ochsenblut ist – in Kurhessen allerdings weniger – als Anstrich für das Holz verwandt worden. In diesen Fällen sind die weißen Putzflächen leicht abgetönt gewesen. Bei einer Erneuerung wird man das Ochsenblut am besten durch Farbe ersetzen.«
26 Wochenblatt für die Provinz Niederhessen, Cassel, 2. Januar 1822.
27 Hüttmann, L.: a.a.O., S. 338.
28 Griep, H. G.: Das Bürgerhaus in Goslar, S. 80.
29 Stelzer, H., und Leweke, H. H.: Farbe an Fachwerkhäusern. Untersuchungen der originalen Farbigkeit an Beispielen der Quedlinburger Altstadt.
30 Kraft, J. H. W.: Farbe und Anstrich am Bauernhaus.
21 d'Apligny, a.a.O., S. 11.
32 Hüttmann, L.: a.a.O., S. 158.
33 Stelzer, H., und Leweke, H. H.: a.a.O., S. 10.
34 Schneider, U., und Schauer, H. H.: a.a.O., S. 12.
35 Griep, H. G.: Das Bürgerhaus der Oberharzer Bergstädte, S. 173.
36 Griep, H. G.: Das Bürgerhaus in Goslar, S. 185.
37 Wengerter, H., a.a.O., S. 16.
38 Bongartz, N.: Weißes Sichtfachwerk, eine Sonderform des Fachwerkbaues in Südwestdeutschland.
39 Groote, R. von: Der Kratzputz im Gau Hessen-Nassau.
40 Suckow, L. J. D., a.a.O., S. 22.
41 Suckow, L. J. D., a.a.O., S. 22 ff.
42 Suckow, L. J. D., a.a.O., S. 22.
43 Koch, C.: Großes Malerhandbuch, S. 436.
44 Weigel, K. T.: Gibt es Runen und Sinnbilder im Fachwerk?
45 Gerner, M.: Fachwerk, a.a.O., S. 58.
46 Baumbach, O. von: Von den Schmuckformen am hessischen Bauernhaus.
47 Baumbach, O. von, a.a.O., S. 76.
48 Krepela, A.: Der Schorndorfer Fachwerkgiebel.
49 Schmalz, W.: Über Schutzheilige, Neidköpfe und andere Symbolfiguren an den alten Hausfassaden.
50 Blöcher, E.: Der Zimmermann im Hinterland und seine Balkeninschriften, S. 67.
51 Hansen, W., und Kreft, H.: Fachwerk im Weserraum, S. 274.
52 Gerner, M., Kynast, F., und Schäfer, W.: Infrarottechnik – Fachwerkfreilegung. Hier wird ausführlich auch über das Prinzip und zahlreiche Anwendungsmöglichkeiten der Thermographie berichtet.
53 Gerner, M., Kynast, F., und Schäfer, W.: a.a.O., S. 44 ff.
54 Gerner, M., Kynast, F., und Schäfer, W.: a.a.O., S. 53 f.
55 Gatz, K.: Farbe und Malerei in der Bau- und Raumgestaltung, S. 61.
56 Kraft, J. H. W.: Farbe und Anstrich am Bauernhaus.
57 Paul, O.: 400 Jahre alter Fachwerkgiebel entdeckt und gerettet.
58 Eidgenössische Technische Hochschule Zürich: Sumpfkalk-Grubenkalk.
59 Hammer, I., Paschinger, H., und Richard, H.: Kalkqualität für Anstrich und Malerei.
60 Gerner, M.: Tendenzwende: Farbe im Stadtbild am Beispiel Höchst. Hier wird nicht nur über den Werdegang eines Farbkonzeptes berichtet, sondern u. a. auch darauf hingewiesen, daß z. B. bereits 1806 in Frankfurt Bestimmungen und Farbmustertafeln des Bauamtes zur farbigen Gestaltung beachtet werden mußten.
61 Gräf, U.: Denkmalpflegerische Gesichtspunkte zur Rückgewinnung historischer Farbigkeit in einem Farbkonzept.
63 Gatz, K.: Bauliche Farbgestaltung nach regionalen Farbsitten.
62 Schmidt, F. Ch.: Der bürgerliche Baumeister. Schmidt gibt in seinem Werk nicht nur stadtgestalterische Hinweise, sondern zu Fachwerk auch konkrete Angaben für Bindemittel und Pigmente: »Die wohlfeilsten und dauerhaftesten Farbematerialien, welche man zum Anstrich und Absetzen der Gebäude in Öl auf das Holzwerk und in Wasser auf die noch nassen Kalkwände brauchen kann, um die beliebtesten Schattierungen hervorzubringen, sind:
Bleyweiss; lichter Ocher; dunkler Ocher, beyde gebrennt und ungebrennt; Schmalte; armenischer Bolus; grüne Erde; rothe englische Erde; Braunschweiger Grün; Umbra; schwarzbraune kölnische Erde; englisch Braunroth; Veroner Erde oder grüne Kreite; Bergblau; Auripigment; Rauschgelb und Kühnruss oder Lindenkohlen.«
64 Volk, W.: Städtebauliche Farbgestaltungsplanung.
65 Gerlach, I.: Planung der Farbgestaltung bei der Dorferneuerung.
66 Gerner, M.: Dekorationsfachwerk. Wie die Vergangenheit nicht bewältigt werden kann oder vergewaltigt werden sollte.

# Literatur

Die Titel werden, auch wenn sie mehrere Kapitel übergreifen, nur einmal genannt.


**Einordnung des Fachwerks in die Stilepochen**

Alsfeld. Europäische Modellstadt, Hrsg. Geschichts- und Museumsverein, Alsfeld 1975
Backes, M.: Ältestes Fachwerkhaus des Rheinlandes in Koblenz-Horchheim? In: Rheinische Heimatpflege 3, 1973
Baumgarten, K.: Das deutsche Bauernhaus, Berlin 1980
Becher, B., und H.: Fachwerkhäuser des Siegener Industriegebietes, München 1977
Bedal, K.: Fachwerk in Franken, Hof 1980
Bickel, L., u. Hanftmann, B.: Hessische Holzbauten, Marburg 1906 und 1907, Neudruck Hannover 1983
Binding, G., Mainzer, U., und Wiedenau, A.: Kleine Kunstgeschichte des deutschen Fachwerkbaus, 2. Aufl., Darmstadt 1977
Eimer, B.: Steinscher Hof Kirberg, Köln und Berlin 1980
Eitzen, G.: Das Bauernhaus im Kreis Euskirchen, Euskirchen 1960
Eitzen, G.: Zur Geschichte des südwestdeutschen Hausbaues im 15. und 16. Jahrhundert. In: Zeitschrift für Volkskunde 59, 1963
Fachwerkkirchen in Hessen, Hrsg. Förderkreis Alte Kirchen e. V. Marburg, Königstein 1976
Fricke, R.: Das Bürgerhaus in Braunschweig. Das deutsche Bürgerhaus, Begr. Bernt, A., Hrsg. Binding, G., Band XX, Tübingen 1974
Gerner, M.: Fachwerk. Entstehung, Gefüge, Instandsetzung, Stuttgart 1979
Gerner, M.: Fachwerke in Frankfurt am Main, Frankfurt 1979
Gerner, M.: Fachwerke in Höchst am Main, Hrsg. Verein für Geschichte und Altertumskunde, Frankfurt-Höchst 1976
Griep, H. G.: Das Bürgerhaus in Goslar. Das deutsche Bürgerhaus, Begr. Bernt, A., Hrsg. Binding, G., Band I, Tübingen 1959
Griep, H. G.: Das Bürgerhaus der Oberharzer Bergstädte, Das deutsche Bürgerhaus, Begr. Bernt, A., Hrsg. Binding, G., Band XIX, Tübingen 1975
Großmann, G. U.: Der spätmittelalterliche Fachwerkbau in Hessen, Königstein 1983
Gruber, O.: Deutsche Bauern- und Ackerbürgerhäuser, Karlsruhe 1926
Hamm, F. J.: Limburg, Domplatz 7 / Alte Vikarie, Limburg 1977
Hansen, H. J. (Hrsg.): Holzbaukunst. Eine Geschichte der abendländischen Holzarchitektur und ihrer Konstruktionselemente, Hamburg 1969
Hansen, W., und Kreft, H.: Fachwerk im Weserraum, Hameln 1980
Hartmann, C. R.: Formenlehre der Renaissance, 2. Teil: Formen des Holzbaues, Leipzig 1906
Heinz, W.: Studien über die ehemalige freie Reichsstadt Wetzlar und ihre Bauten, Wetzlar 1907
Helm, R.: Das Bauernhaus im Alt-Nürnberger Gebiet, Nürnberg 1978
Helm, R.: Das Bürgerhaus in Nordhessen. Das deutsche Bürgerhaus, Begr. Bernt, A., Hrsg. Binding, G., Band IX Tübingen 1967
Höhn, A.: Fachwerkbauten in Franken, Würzburg 1980
Johannsen, C.: Das niederdeutsche Hallenhaus und seine Nebengebäude im Landkreis Lüchow-Dannenberg, Braunschweig 1974
Klöckner, K.: Alte Fachwerkbauten, München 1978
Knoepfli, A.: Historische Architektur mit Holz. Probleme der Denkmalpflege. In: Schweizerische Bauzeitung, 94. Jg., Heft 3, Januar 1976
Kolesch, H.: Das altoberschwäbische Bauernhaus, Tübingen 1967
Kretzschmar, F., und Wirtler, U.: Das Bürgerhaus in Konstanz, Meersburg und Überlingen, Das deutsche Bürgerhaus, Begr. Bernt, A., Hrsg. Binding, G., Band XXV, Tübingen 1977
Kulke, E., Johannsen, C. I., und Morgenstern, R.: Rundlinge – ihre Pflege und Erneuerung, Hrsg. Deutscher Heimatbund, Münster 1970
Loewe, L.: Schlesische Holzbauten, Düsseldorf 1969
Mehl, H.: Die Bauernhäuser in Rhön und Grabfeld, Fulda 1977
Nebel, H.: Fachwerkbauten im Ortsbild am Mittelrhein, Koblenz 1976
Ossenberg, H.: Das Bürgerhaus in Oberschwaben, Das deutsche Bürgerhaus, Begr. Bernt, A., Hrsg. Binding, G., Band XXVIII, Tübingen 1979
Phleps, H.: Alemannische Holzbaukunst, Wiesbaden 1967
Phleps, H.: Deutsche Fachwerkbauten, Die Blauen Bücher, Königstein 1951, neu herausgegeben von W. Sage 1976
Sage, W.: Reallexikon zur deutschen Kunstgeschichte, Bd. 6, Stuttgart 1972
Sage, W.: Das Bürgerhaus in Frankfurt am Main bis zum Ende des Dreißigjährigen Krieges, Das Deutsche Bürgerhaus, Begr. Bernt, A., Hrsg. Binding, G., Band II, Tübingen 1959
Saeftel, F.: Bauernhäuser und Katen im Kreis Eckernförde, Eckernförde 1971
Saeftel, F.: Krummholz und Cruck-Dachwerke in Nordwest-Europa, Eckernförde 1970
Schäfer, C.: Deutsche Holzbaukunst, Hrsg. P. Kanold, Dresden 1937, Neudruck Hildesheim 1980
Schäfer, C.: Die Holzarchitektur Deutschlands vom 14. bis 18. Jahrhundert, Berlin 1888, Neudruck Hannover 1981
Schilli, H.: Das Schwarzwaldhaus, Stuttgart 1964
Schönfeldt, G. v.: Bauernhäuser in Hessen, Wiesbaden 1973
Schomann, H.: Bayern nördlich der Donau. In der Reihe: Kunstwanderungen, Stuttgart 1979
Schübler, J. J.: Nützliche Anweisung zur unentbehrlichen Zimmermannskunst, Nürnberg 1749, Neudruck Hannover 1982
Schwemmer, W.: Das Bürgerhaus in Nürnberg, Das deutsche Bürgerhaus, Begr. Bernt, A., Hrsg. Binding, G., Band XVI, Tübingen 1972
Stender, F.: Das Bürgerhaus in Schleswig-Holstein, Das deutsche Bürgerhaus, Begr. Bernt, A., Hrsg. Binding, G., Band XIV, Tübingen 1978
Stoy, W., und Mehlau, H. W.: Holzbauten aus alter Zeit. In: Baumeister 1954, S. 581–586, und Tafeln 81–84
Thiede, K.: Alte deutsche Bauernhäuser, Die Blauen Bücher, Königstein 1963
Verband Deutscher Architekten und Ingenieurvereine (Hrsg.): Das Bauernhaus im Deutschen Reiche und seinen Grenzgebieten. Atlas und Textband, Dresden 1906, Nachdruck Hannover 1974
Walbe, H.: Anordnung der Hölzer im oberhessischen Fachwerk von der Gotik bis in das 19. Jahrhundert. In: Heimatliche Bauweise, 5, 1912
Walbe, H.: Das Hessisch-Fränkische Fachwerk, Gießen 1954
Wilhelm, J.: Architectura Civilis oder Beschreibung und Vorreißung vieler vornehmer Dachwerk . . ., Nürnberg 1668, Hannover 1977
Winter, H.: Das Bürgerhaus in Oberhessen, Das deutsche Bürgerhaus, Begr. Bernt, A., Hrsg. Binding, G., Band VI, Tübingen 1965
Winter, H.: Das Bürgerhaus zwischen Rhein, Main und Neckar, Das deutsche Bürgerhaus, Begr. Bernt, A., Hrsg. Binding, G., Band III, Tübingen 1961

**Historische Farbtechniken und Farbgebungen**

Alte Bauten neu genutzt, Stuttgart 1981
Altwasser, E., u. a.: Die Bemalung der Marburger Bürgerhäuser vom 15. bis zum 18. Jahrhundert, Marburg 1980
d'Apligny, le Pileur: Abhandlung von den Farben und ihrem Gebrauch, Leipzig 1779
Baur, C.: Fachwerkfarben in Mittelfranken. Beispiele in Weißenburg und Roth. In: Jahrbuch der Bayerischen Denkmalpflege, Nr. 32, 1978, München 1980

Baur, C.: Gelungene Restaurierung eines spätmittelalterlichen Fachwerkhauses in Hilpoltstein, Kr. Roth. In: Denkmalpflege Informationen des Bayerischen Landesamtes für Denkmalpflege. Ausgabe B, Nr. 52, München 1981
Bleibaum, F.: Das hessische Fachwerk und seine Pflege, Marburg 1957
Bongartz, N.: Weißes Sichtfachwerk, eine Sonderform des Fachwerkbaues in Südwestdeutschland. In: Denkmalpflege in Baden-Württemberg, 1/1980
Bühring, J.: Farbuntersuchungen am ehemaligen Leist'schen Haus in Hameln. In: Niedersächsische Denkmalpflege Nr. 5/1960–1964, Hildesheim 1965
Groote, R. von: Der Kratzputz im Gau Hessen-Nassau. In: Rhein-Main-Spiegel, Februar 1939
Großmann, G. U.: Farbfassungen an Bürgerhäusern in Marburg, Manuskript für: Hessische Heimat, 1980
Großmann, G. U.: Die Farbigkeit der Bürgerhausfassaden in der Marburger Altstadt, Untersuchungsbericht für die Stadt Marburg, 1978
Hamm, F. J.: Gutachten über die Sanierungsmöglichkeiten des Gehöftes Weilrod-Altweilnau, Vor der Stadtmauer 6, Limburg 1982
Hussendörfer, R.: Putzfassade contra Sichtfachwerk. Zur Frage der Freilegung überputzter Fachwerke aus heutiger Sicht. In: Denkmalpflege in Baden-Württemberg, 2/1982
Hussendörfer, R.: Sichtfachwerk im Innenraum. In: Denkmalpflege in Baden-Württemberg, 3/1980
Hüttmann, L.: Neuer Schauplatz der Künste und Handwerke, Bd. 18, Cementir-, Tüncher- und Stuccaturarbeit, Weimar 1842
Koch, C.: Großes Malerhandbuch, Nordhausen, o. Datum
Koller, M.: Architektur und Farbe. In: Maltechnik – Restauro, München 1975
Kraft, J. H. W.: Farbe und Anstrich am Bauernhaus. In: Der Holznagel 3/82
Schießl, U.: Ochsenblut – ein Farbbindemittel und ein Farbname. In: Denkmalpflege in Baden-Württemberg
Schmidt, F. C.: Der bürgerliche Baumeister, Gotha 1790
Schneider, U., und Schauer, H. H.: Zur Farbigkeit von Fachwerkfassaden im Harzgebiet. In: Raum und Farbe 6/1980, Berlin 1980
Stelzer, H., und Leweke, H. H.: Farbe an Fachwerkhäusern. Untersuchungen der originalen Farbigkeit an Beispielen der Quedlinburger Altstadt. In: Farbe und Raum 8/77, Berlin 1977
Suckow, L. J. D.: Erste Gründe der bürgerlichen Baukunst, Jena 1798, Neudruck Leipzig 1979
Vesper, W.: Das »Haxthausensche Haus« in Grebenstein, sein Erbauer und die Besitzer im 17. Jahrhundert. In: Jahrbuch Kassel 1981
Wengerter, H.: Ochsenblut – eine Farbe? Neue Beobachtungen zur Farbigkeit alter Fachwerkbauten. In: Denkmalpflege in Baden Württemberg 1/1978

**Runen, Sinnbilder und Symbolik im Fachwerk**

Andresen, A.: Der Deutsche Peintre-Graveur, Leipzig 1864
Baumbach, O. v.: Von den Schmuckformen am hessischen Bauernhaus. In: Kunst unserer Heimat, Heft 5, 1910
Blöcher, E.: Der Zimmermann im Hinterland und seine Balkeninschriften. Hessische Forschungen zur geschichtlichen Landes- und Volkskunde, Kassel 1975
Griep, H. G.: Das Dach in Volkskunst und Volksbrauch, Köln 1983
Krepela, A.: Der Schorndorfer Fachwerkgiebel. In: Der Maler und Lackierermeister 9/1980
List, G. von: Die Bilderschrift der Ario-Germanen, Leipzig 1910
List, G. von: Das Geheimnis der Runen, Berlin 1907
List, G. von: Die Rita der Ario-Germanen, Leipzig 1908
Megas, G. A.: Die Ballade von der Arta-Brücke, Thessaloniki 1976
Nachtigall, H.: Die religiöse Inschrift am heimischen Fachwerkhaus. In: Heimat im Bild, Gießen Nov. 1977
Röhrich, L.: Die Volksballade von »Herrn Peters Seefahrt« und die Menschenopfer-Sagen. In: Märchen, Mythen, Dichtung, München 1963
Schmalz, W.: Über Schutzheilige, Neidköpfe und andere Symbolfiguren an den alten Hausfassaden. In: Heimat im Bild, Gießen 1980, 38. Woche
Schmitt, G.: Das Menschenopfer in der Spätüberlieferung der deutschen Volksdichtung, Dissertation, Mainz 1959
Stauff, Ph.: Schwäbisches Runenfachwerk. In: Waldorf-Nachrichten
Weigel, K. T.: Germanisches Glaubensgut in Runen und Sinnbildern, München 1939
Weigel, K. T.: Gibt es Runen und Sinnbilder im Fachwerk? In: Das Bauwerk, 5, 1940
Winter, H.: Das Symbol im Fachwerk. In: Volk und Scholle, 14, 1936

**Fachwerkfreilegung**

Gerner, M., Kynast, F., und Schäfer, W.: Infrarottechnik-Fachwerkfreilegung, Stuttgart 1980
Hytrek, T., Weyell u. Weyell: Freilegung von Fachwerkhäusern, Hrsg. Stadt Ortenberg
Wildemann, Th.: Freilegen und Wiederherstellen von Fachwerkbauten in der Rheinprovinz seit Kriegsende. In: Jahrbuch der Rheinischen Denkmalpflege VI Jg., Köln 1926
Wildemann, Th.: Die Instandsetzung von Fachwerkbauten. Ihre Freilegung und farbige Behandlung. In: Jahrbuch der Rheinischen Denkmalpflege VII Jg., Köln 1931

**Neuverputz und Neuanstrich**

Apel, K.: Handbuch der Altbau-Renovierung. Problemlösungen für das Malerhandwerk und für verwandte Berufe, Stuttgart 1978
Arbeitsgemeinschaft Holz e. V. (Hrsg.): Anstriche für wetterbeanspruchte Holzoberflächen, Düsseldorf o. Datum
Bühring, J.: Putz und Farbe an Fachwerkbauten. Hrsg. Arbeitsgemeinschaft Historische Fachwerkstädte in Hessen und Niedersachsen, 1983
Eidgenössische Technische Hochschule Zürich, Institut für Denkmalpflege: Sumpfkalk – Grubenkalk. In: Applica, 4/1979
Erfurth, U.: Silicatfarben, Chemie – Eigenschaften – Anwendungstechnik in Bautenschutz und Bausanierung, 2/1979
Fietz, W.: Malerarbeiten und Denkmalpflege. In: Das Deutsche Malerblatt 1/1980
Gatz, K.: Farbe und malerischer Schmuck am Bau, München, o. Datum
Gerner, M.: Fachwerkfarben. In: Das Deutsche Malerblatt 9/1979
Hammer, I., Paschinger, H., und Richard, H.: Kalkqualität für Anstrich und Wandmalerei. In: Österreichische Restauratorenblätter, Band 6
Hembus, J.: Bewahrt und pflegt das alte Handwerk. In: I-Punkt Farbe 1/1978
Klapwijk, D., und Schröder, M.: Ausbesserung und Sanierung schadhafter Hölzer mit Reaktionskunststoff bei Fachwerk-, Steildach- und Holzbalkenkonstruktionen. In: Bautenschutz und Bausanierung 4/82
Kraft, J. H. W.: Sperre gegen Sott, Kalkanstrich und Kaltleim. In: Der Holznagel 1/82
Kremser, H.: Zur Frage des Außenputzes bei der Sanierung alter Gebäude. In: Das Baugewerbe 49/1969
Paul, O.: 400 Jahre alter Fachwerkgiebel entdeckt und gerettet. In: Bautenschutz und Bausanierung 1/1981

Röth, B.: Wertvolle alte Bauten leben durch Holzschutz wieder auf. In: Das Deutsche Malerblatt 6/1978
Wallenfang, O.: Zur Vorbereitung von Fachwerkfassaden zur Ausführung von Maler-Renovierungsarbeiten. In: I-Punkt Farbe 1/1978
Wallenfang, O.: Malerarbeiten an Fachwerkbauten – Techniken und Werkstoffe. In: I-Punkt Farbe 1/1978
Wetzel, I.: Ein Fachwerkhaus zieht um. In: Das Deutsche Malerblatt 5/1979

**Stadt- und Dorfgestaltung mit farbigem Fachwerk**

Gatz, K.: Bauliche Farbgestaltung nach regionalen Farbsitten, Manuskript eines Arbeitsblattes des Kuratoriums für Technik und Bauwesen in der Landwirtschaft
Gatz, K.: Vom Wesen und der Bedeutung traditionell gewachsener Bau-Farbsitten. In: Die Mappe 5/1974
Gatz, K.: Zur Bedeutung der Farbe landschaftsgeprägter Bauten. In: Die Mappe 5/1974
Gerlach, I.: Fachwerk – Pflege und Gestaltung. In: Die Mappe 5/1974
Gerner, M.: Tendenzwende: Farbe im Stadtbild am Beispiel Höchst, In: Farbe und Design 9/1978
Gräf, U.: Denkmalpflegerische Gesichtspunkte zur Rückgewinnung historischer Farbigkeit in einem Farbkonzept. In: Denkmalpflege in Baden-Württemberg 1/1982
Klug, H.: Farbige Gestaltung von Fassaden und Straßenzügen muß kein Problem sein. In: Das Deutsche Malerblatt 6/1979
Michel, W.: Maler machen müde Mauern munter! In: Das Deutsche Malerblatt 10/1978
Schlegel, H.: Häuser und Farben. In: Das Deutsche Malerblatt 1/1981 u. 2/1981
Volk, W.: Städtebauliche Farbgestaltungsplanung, Manuskript eines Arbeitsblattes des Kuratoriums für Technik und Bauwesen in der Landwirtschaft
Weber, G.: Farbleitplan Tiefenbronn, Franz-Josef-Gall-Straße, Fachwerkfreilegung
Wengerter, H.: Rückgewinnung historischer Farbigkeit in der Altstadt von Besigheim. In: Denkmalpflege in Baden-Württemberg 1/1982

**Dekorationsfachwerk und Fehlfarben**

Gerner, M.: Dekorationsfachwerk. Wie die Vergangenheit nicht bewältigt werden kann oder vergewaltigt werden sollte. In: deutsche bauzeitung 8/1980

**Wärmedämmung von Fachwerkwänden**

Assmann, K.: Dämmen oder Wärme speichern. In: Consulting 1/1983
Böttinger, A.: Wärmedämmung bei Fachwerkwänden. Manuskript eines Seminars des Fortbildungszentrums für Handwerk und Denkmalpflege, Propstei Johannesberg, Fulda 5/1983
Schmidt, H.: Fachwerkbau nach modernen Anforderungen. In: Das Bauzentrum 3/1983

# Glossar

*Abbeizen:* Entfernen von Altanstrichen mit Chemikalien
*Abbinden/Abbund:* Verzimmern und Anlegen von Fachwerkwänden oder Balkenlagen auf dem Zimmerplatz (abgeleitet vom früheren »Binden« der Holzkonstruktion)
*Abfasung:* Abschrägung einer Kante
*Abgratung:* Abfasen (Abschrägen) der oberen Kanten eines Gratsparrens
*Al-fresco:* die Technik, Kalkanstriche auf noch frischen Kalkputz naß in naß zu streichen
*Andreaskreuz:* Fachwerkfigur, ursprünglich als Runensymbol, aus zwei sich schräg überkreuzenden Hölzern
*Ankerbalken:* der zwei Ständer verbindende Balken im Hallenhaus oder der eingesteckte oder eingezapfte Balken im Ständergeschoßbau
*Anschuhen:* Verlängerung von Hölzern in einer Richtung
*Anstrichfilm (filmbildender Anstrich):* Anstrich, der als Schicht auf dem Anstrichgrund stehenbleibt
*Aufschiebling:* Holz, das auf die Sparren aufgesetzt (aufgeschoben) wird, um bei Sparrendächern einen Dachüberstand zu erzielen, oder bei Zweiständerbauten als Sparrenverlängerung über die Kübbungen hinausreicht
*Ausbluten:* das Auslaufen oder Auswaschen von Harz und Holzinhaltsstoffen aus dem Holz
*Ausfachung:* Füllung der Gefachfelder, zum Beispiel mit Ziegeln oder Strohlehm
*Auskragung:* Vorspringen eines Bauteils, im Fachwerkbau auch Überhang genannt
*Ausspänen:* Spalten und Risse im Holz mit Holzstücken auskeilen
*Ausstakung:* Füllung der Gefachfelder mit Staken und Strohlehm
*Aussteifung:* konstruktive Maßnahme zur Aufnahme der Horizontalkräfte (z. B. Windbelastung) in Form von Schwertern, Kopf- und Fußbändern oder Streben

*Balken:* waagerechtes Kantholz, auf Wänden und/oder Unterzügen aufliegend, tragendes Bauteil der Decke
*Balkenkopf:* Balkenende
*Balkenlage/Gebälk:* die Gesamtheit der Deckenbalken eines Geschosses
*Band:* ursprünglich aufgeblattetes, schräges Holz wie Schwert, Kopf- oder Fußband zur Aufnahme vorwiegend von Zugkräften. Mit dem Wechsel von der Verblattung zur Verzapfung behielten die nur auf Druck beanspruchten Fuß- und Kopfbänder den Namen (diese müßten eigentlich Fuß- oder Kopfstreben heißen)

*Barockisierung:* die Überformung eines in einem früheren Baustil errichteten Gebäudes mit barocken Formen
*Begleiter:* Striche und Bänder, welche an den Gefachrändern, direkt an das Holz oder die Holzfarbe anschließend, aufgemalt werden
*Beharrungszeit:* Zeit, in welcher sich nach Walbe die Fachwerkkonstruktionen nicht mehr verändert haben, etwa die Zeit nach 1550
*Besäumen:* rechtwinklige Bearbeitung von Brettern, Bohlen oder Kanthölzern, früher von Hand, z. B. mit Breitbeil, heute mit Gatter- oder Kreissäge
*Beschlagwerk:* Schmuck in Form der Nachahmung von Metallbeschlägen
*Blatt:* flächige Holzverbindung für sich kreuzende oder senkrecht aufeinanderstoßende Hölzer wie gerades Blatt, Hakenblatt, Schwalben- und Weichschwanzblatt
*Blattsasse:* Eintiefung im Holz für das Blatt
*Blendarkaden:* Schmuckmotiv in Form von angedeuteten Bogenstellungen in den Brüstungsgefachen
*Blutplasma:* das sich bei Gerinnung des Blutes absetzende transparente Blutwasser
*Bohle:* Brettartiges Holz mit einer Stärke über 39 mm
*Brett:* dünnes Holz bis 39 mm Stärke
*Brustriegel/Brüstungsriegel:* der Wandriegel in Brüstungshöhe, besonders der Riegel unter dem Fenster
*Bügelfriese:* Friese aus Bügelformen auf den Schwellen der Obergeschosse niederdeutscher Fachwerkhäuser
*Bundbalken:* Balken, auf denen ein Sparrengebinde oder ein Dachstuhl sitzt
*Bundständer:* verstrebter Ständer in der Hauswand, an den meist eine Innenwand anschließt
*Bundverstrebung:* Strebenanordnung nur an Bund- und Eckständern – im Gegensatz zur Aussteifung jedes Ständers

*»Cementirarbeit«/»Cementiren«:* arbeiten mit Lehm und Lehmputz (Der Begriff wird heute anders verwendet.)

*Dachbalkenlage:* die Balkenlage unterhalb des Daches
*Dachstuhl:* die Dachhaut tragende Konstruktion, wie stehender Stuhl, liegender Stuhl, Hängewerk oder Sprengewerk
*Deckenbalken:* raumüberspannender Balken (siehe Balken)
*Dendrochronologie:* Methode zur Datierung des Fälljahres von Bäumen mit Hilfe der unterschiedlichen Jahrringbreiten
*Diele/Deele:* Mittelschiff des Hallenhauses
*Diffusion/diffundieren:* das langsame Durchtreten von Flüssigkeiten oder Gasen durch feste Körper, am Bau das Durchwandern von Dampf oder Wasser durch die Wände
*Dreipassbogen:* kleeblattförmig ausgeschnittener Bogen (Kleeblattbogen)
*Dreiständerkonstruktion:* konstruktive Zwischenlösung vom Zwei- zum Vierständerbau

*Eckständer:* auf dem Fundament (Schwellriegelkonstruktion) oder auf den Schwellen stehende Ständer (Pfosten, Stiele) an den Gebäudeecken
*eingeschossen:* die mittels Durchsteckzapfen oder Zapfenschlössern »eingeschossenen« Stockwerksbalken führten zu dem Begriff »Geschoß«
*Einhalsung:* Schlitz am oberen Ende eines Holzes zur Aufnahme z. B. eines Balkens
*Emulsion:* Flüssigkeitsgemisch

*Fächerrosette:* geschnitztes oder gemaltes Schmucksymbol meist auf dem Dreieck Schwelle, Ständer und Fußwinkelhölzer der Fachwerke Niedersachsens, ursprünglich wie fast alle Fachwerkfiguren ein Runensymbol
*Fase:* Abschrägung einer Kante
*Feuerbock/Fyrboc:* Fachwerkfigur, ursprünglich als Runensymbol in Form eines Andreaskreuzes aus geschweiften Hölzern
*Figurenknaggen:* Knaggen, welche figürlichen Schmuck wie Personen oder Maskendarstellungen tragen
*First/Dachfirst:* der obere Abschluß eines Daches, parallel oder annähernd parallel zur Trauflinie
*Firstständer/Firstpfosten:* Ständer, welche die Last der Firstpfette auf Dachstuhl oder Balken, als Firstsäulen auch bis auf das Fundament abtragen
*Fluatierung:* Behandlung mit Fluorsilikaten zur Neutralisierung
*Freigespärre/Flugsparren:* Außerhalb des Giebels liegendes Sparrenpaar bei weit vorstehenden Dächern
*Füllholz:* in die Lücke zwischen »Rähm«, zwei Balkenköpfen und der Schwelle des nächsten Stockwerkes eingeschobenes Holz, meist mit Schmuckprofil
*fungizid:* pilztötend

*Gabelpfosten:* mit natürlicher Gabel (Astgabel) versehener Pfosten im vorgeschichtlichen Holzbau
*Gaube/Gaupe:* Dachöffnung, die durch ein kleines Sattel- oder Pultdach überdeckt ist
*Gebinde/Binder:* Einheit aus zwei Sparren und Balken (Sparrendreieck)
*Gefach/Fach:* von Fachwerkhölzern umschlossene Öffnung einer Wand (wird durch Ausfachung, Fenster oder Tür geschlossen)
*Gegenstrebe:* Kopfstrebe, welche vom Rähm in der oberen Hälfte der Wand »gegen« die Fußstrebe gesetzt wird
*Gehrung:* Eckstoß, der mittels Schrägen (im Gehrungswinkel) zusammengefügt ist

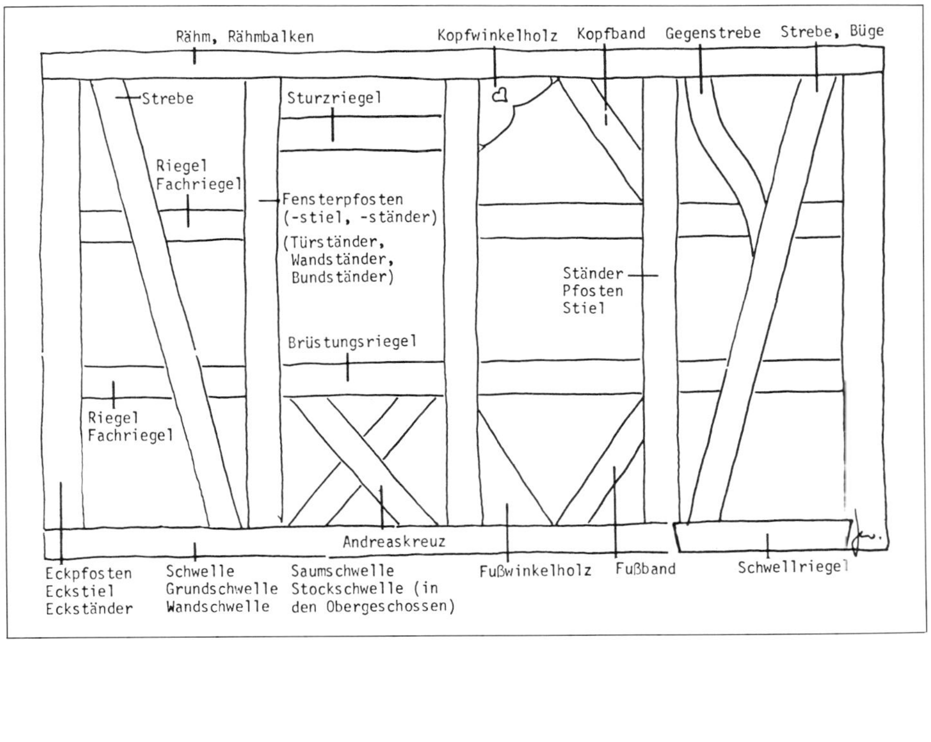

*Geschoß:* stockwerkshohe Einheit eines Gebäudes, im Ständerbau oder Ständergeschoßbau von »eingeschossenen« Balken getragen
*Gesims/Dachgesims:* oberes Abschlußprofil von Wandfläche oder Stockwerk oder als Dachgesims Anschluß der Traufwand an das Dach
*Gewände:* die seitlich rahmenden Teile von Fenstern, Türen und Toren
*Gratsparren:* verstärkter Sparren unter der Gratlinie der Dachfläche, z. B. eines Walmdaches
*Gratstichbalken:* diagonal eingestochener Balken
*Grundschwelle:* die auf dem Fundament oder Kellermauerwerk liegende Schwelle

*Häcksel:* zerkleinertes Stroh
*Hahnenbalken/Spitzbalken:* kleiner Balken im oberen Sparrendreieck von Sparren- oder Kehlbalkendächern, der die Sparren gegeneinander abstützt
*Halsriegel:* Wandriegel im oberen Viertel eines Stockwerks
*Hängepfosten (eigentlich Hängeständer):* Pfosten (Ständer) bei auskragenden Konstruktionen von Ständergeschoßbauten, der nicht auf einem Holz aufsteht, sondern meist mittels Anblattung an der Schwelle hängt
*Hängesäule:* Kantholz bei Hängewerken, das oben von den Streben gehalten wird und am unteren Ende mittels einer Hängevorrichtung den Zugbalken (Untergurt) trägt
*Heister:* Weiden- oder Haselnußruten zum Einflechten (Einwinden) in die Stakhölzer
*Hochrähmkonstruktion:* Konstruktion im Hallenhaus, bei der die Rähmhölzer oberhalb der Ankerbalken liegen
*Holtsprütten/Holzsprütten:* Stakhölzer, Holzscheite

*Imprägnierung:* Tränkung eines festen Stoffes mit einem flüssigen Stoff zum Schutz gegen Verrottung, Fäulnis oder zum Schwerentflammbarmachen usw.
*Infrarottechnik/Thermografie:* Methode zur Aufnahme und Messung von Wärmestrahlung

*Kalkkaseintechnik:* Farbtechnik, bei der dem Kalk Käsestoff zugesetzt wird, um nach dem Festwerden des Kalkes, der Karbonatisierung, einen beständigeren Anstrich zu erzielen
*Kalkmilch:* dünnes Kalk-Wassergemisch, etwa 1:4, zum Streichen
*Kalkseife:* Bindemittel auf der Basis einer Verbindung von Kalk mit Eiweiß oder Öl
*Kamm/Verkämmung:* Holzverbindung sich kreuzender, übereinanderliegender Hölzer

*Kehlbalken:* Balken im Dachgeschoß, meist mit den Sparren verblattet
*Kehlsparren:* verstärkter Sparren unter einer Dachkehle
*Knagge/Büge:* senkrecht zur Wandrichtung schräg angeordnetes, konsolartiges Holz zur Unterstützung auskragender Bauteile oder zur Queraussteifung
*Kolophonium:* ein Produkt aus natürlichem Harz
*Kondensat/kondensieren:* allgemein Übergang eines dampfförmigen Stoffes in eine flüssige oder feste Form, bei Wasserdampf der Übergang zu Wasser
*Kopfband:* schräg angeordnetes, kürzeres Aussteifungsholz zwischen Ständer und Rähm, früher verblattet, heute verzapft
*Kopfstrebe:* schräg angeordnetes, langes Aussteifungsholz zwischen Ständer und Rähm, meist über dem Brustriegel ansetzend, meist verzapft
*Kratzputz:* Verputz mit – vor dem völligen Trocknen – eingekratzten Ornamenten, gegenständlichen Darstellungen oder Sinnsprüchen. Bei verschiedenfarbigen Putzschichten ergibt sich eine besonders lebhafte Wirkung (Sgraffito)
*Krüppelwalmdach:* nur im oberen Giebelteil abgewalmtes Satteldach
*Kübbung:* an das Hauptschiff des niederdeutschen Hallenhauses angesetztes Seitenschiff mit meist niedriger Außenwand

*Laubstab:* meist auf den Schwellen des ersten Obergeschosses geschnitzter oder gemalter Schmuck aus einem durchgehenden Stab und abzweigenden Laubästen
*Lehmputz:* Verputz aus Lehm mit gehäckseltem Stroh oder Tierhaaren als Armierung
*Leimen/Lehmen:* Lehm
*lufttrocken:* die mit natürlicher Trocknung erzielbare Austrocknung von Bauholz

*Mann:* fränkische Verstrebungsform aus Ständer, dreiviertelgeschoßhohen Fußstreben und kurzen Kopfwinkelhölzern
*maßhaltige Hölzer:* Hölzer, deren Quell- und Schwindbewegungen durch Konstruktion und Anstrich weitgehend eingeschränkt werden können
*Mauerlatte:* schwächeres Holz, das auf einer Mauer liegt und die Balkenlage aufnimmt
*Mineralfarbe:* siehe Silikatfarbe
*Münchner Rauhputz:* Verputz, der in der Oberschicht mit einer groben Körnung (meist bis etwa 15 mm) versehen ist und aufgespritzt wird. Ursprünglich nur in Süddeutschland ausgeführt, kommt er im 19. Jahrhundert auch oft im Fränkischen vor

*Nase:* im Fachwerk schmückende Vorsprünge aus Holz, insbesondere bei geschweiften Andreaskreuzen und Kurz- oder Gegenstreben
*Nut:* Aussparung am Stoß eines Brettes, die meist ein Drittel der Brettstärke breit ist und in die die Feder eingreift

*Ort (z. B. Ortgesims):* der am Giebel überstehende Teil des Daches

*Penetration:* das Eindringen z. B. von Farbstoffen in den Anstrichgrund
*Pfette:* parallel zu First und Traufe liegendes Holz, das die Sparren unterstützt und auf Querwänden, Stielen oder Dachstuhl aufliegt
*Pfosten:* ursprünglich in die Erde eingegrabene (eingespannte) Stütze, die Pfetten oder Balken trug (Der Begriff wird heute auch oft für Ständer im Fachwerkbau gebraucht.)
*Pigmente:* farbgebende Stoffe
*Primärfarben:* die Grundfarben Blau, Gelb und Rot ergeben mit den Ergänzungsfarben den Sechserfarbkreis
*pseudohistorisch:* geschichtlich falsch
*Pseudomaterial:* etwas anderes vortäuschendes Material
*Putzfachwerk:* über die Holzkonstruktion verputztes Fachwerk

*Queraussteifung: siehe Aussteifung*
*Quergebälk:* Gesimsschichtung aus dem Rähm eines Geschosses, den Balkenköpfen der darüberliegenden Balkenlage und der aufliegenden Stockschwelle
*Quergebindegefüge:* Hausgefüge aus Querbindern, die quer zur Längsachse hintereinanderstehen

*Radiocarbonmethode:* Verfahren zur Altersbestimmung durch Messung des noch vorhandenen Anteils an bestimmten Kohlenstoffisotopen
*Rähm/Rähmholz (Rähmkranz):* das den »Rahmen« aus Schwelle und Ständern oben abschließende Holz, es wird auf die Zapfen der Ständer aufgesetzt
*Raute:* Figur im Fachwerk aus vier in einem Gefach über Eck gestellten Hölzern, als negative Raute aus vier Winkelhölzern
*reversibel:* umkehrbar, im denkmalpflegerischen Sinn wieder entfernbar ohne weitere Substanz anzugreifen
*Riegel/Querriegel:* zwischen die Ständer waagerecht eingezapfte Hölzer
*Ritzer:* schmale Striche in den Gefachrändern, die im Gegensatz zu den Begleitern nicht direkt an das Holz anschließen

*saftfrisches Holz:* frisch gefälltes Holz
*Säule:* (Begriff aus dem Steinbau) ursprünglich eine runde Stütze, allgemein üblich auch für sechs- und achtkantige Stützen aus Holz
*Schifter:* an Grat- oder Kehlsparren angeschmiegter Sparren
*Schmiege:* Schräge, bei der Anpassung nicht winklig zueinanderstehender Hölzer
*Schopf, Schopfwalm:* vorstehendes, abgewalmtes kleines Dach an der Giebelspitze
*Schwalbenschwanz:* Ausbildung bei Holzverbindung, z. B. als Blatt
*Schwebeblatt:* Verstärkung eines Ständerfußes, die ähnlich einem Blatt auf die unter dem Ständer liegende Schwelle übergreift
*Schwebegiebel:* auf der Verlängerung der Pfetten über eine Giebelwand hinaus auf sogenannten Flugsparren ruhender, weiter Dachüberstand (siehe auch Freigespärre)
*Schwelle (Schwellenkranz):* auf Fundament oder Mauerwerk ruhendes, waagerechtes Holz, in das die Ständer eingezapft werden
*Schwellriegel:* Schwellen, die zwischen den, bis auf das Fundament oder Kellermauerwerk durchgehenden Eck- und Bundständern eingezapft sind
*Schwert, Verschwertung:* bohlenartiges, zur Aussteifung schräg über mehrere aufrecht stehende Hölzer laufendes aufgeblattetes oder aufgenageltes Holz
*Sekundärfarben:* die Ergänzungsfarben Grün, Orange und Violett ergeben mit den drei Grundfarben den Sechserfarbkreis
*Sichtfachwerk:* im Gegensatz zu verputztem oder verkleidetem Fachwerk ist die Holzkonstruktion sichtbar
*Silikatfarbe, Mineralfarbe:* Farbpulver mit Kali-Wasserglas als Bindemittel. Nach DIN 18363 wird unterschieden zwischen den reinen (Zweikomponenten-) Silikatfarben DIN 18363 Abschnitt 2.4.5 und Dispersionssilikatfarben mit maximal 5% Gewichtsteilen Kunststoffdispersion, DIN 18363 Abschnitt 2.4.6.
*Sparren:* die schräg liegenden Hölzer des Dachs, welche die Lattung oder Schalung tragen. Beim Sparrendach bilden die Sparren die Dachkonstruktion, bei Pfettendächern gehören sie zur Dachhaut.
*Sparrendach:* Dachgerüst aus Gebinden (Sparrendreiecken) aus je zwei Sparren und einem Balken
*Staken/Stakung:* gespaltene Hölzer, die in Nuten in die Gefache eingekeilt werden und das Weidengeflecht samt Lehmschlag der Ausfachung tragen
*Ständer:* zunächst direkt auf Fundament oder Stein- oder Holzplatten aufstehendes, stützendes Holz im Fachwerkbau, über ein oder mehrere Geschosse reichend, heute allgemein die senkrechten Hölzer der Fachwerkwand (die lokal auch als Pfosten, Stiele, Stützen oder Säulen bezeichnet werden)
*Ständerbau (Ständergeschoßbau):* Fachwerkbau mit über mehrere Geschosse reichenden Ständern
*Stichbalken:* meist in den letzten Balken »eingestochener« kurzer Balken, dessen anderes Ende auf dem Rähm ruht
*Stiel:* im geringeren Maße abstützendes, senkrechtes Holz in der Fachwerkwand, zum Beispiel Klebestiel oder Gewändestiel für Fenster
*Stockwerksrähmbau:* stockwerksweise verzimmerter, abgebundener und aufgeschlagener Fachwerkbau, jedes Stockwerk in sich ausgesteift
*Stockschwelle:* Schwelle im oberen Stockwerk
*Stoß:* Holzverbindung in einer Richtung oder über Eck
*Strebe:* auf Druck beanspruchtes, eingezapftes, schräges Holz zur Aussteifung
*Streichbalken:* Balken, der neben einer Mauer oder einem Kamin »vorbeistreicht«
*Strohlehm:* mit gehäckseltem Stroh zur Bewehrung versetzter Lehm
*Stückkalk:* gebrannter, aber noch nicht gemahlener Kalk in kleinen und größeren »Stükken«
*Sturzriegel:* Türen und Fenster oben begrenzender Riegel
*Substitut:* Ersatzmaterial
*Sumpfkalk:* gelöschter, eingesumpfter Kalk

*Thermografie:* siehe Infrarottechnik
*Thermogramm:* die Abbildung aufgenommener Wärmestrahlung
*thixotrop:* flüssig
*Transmissionsverluste:* Übertragungsverluste, hier: Wärmeverluste
*Trapezfriese:* trapezartige Schmuckform auf den Schwellen niederdeutscher Fachwerkhäuser
*Traufe:* unterer Dachabschluß parallel zum First
*Treppenfries:* treppenartige Schmuckform auf den Schwellen niederdeutscher Fachwerkhäuser

*Übergangszeit:* nach Walbe die Zeit des konstruktiven Übergangs von mittelalterlichen zu neuzeitlichen Fachwerkkonstruktionen, etwa zwischen 1470 und 1550
*Überhang:* Auskragung eines Stockwerks
*Überzug:* Holz, das quer über einer Balkenlage liegt und an dem die Balken aufgehängt sind
*Unterzug:* Holz, das quer unter – im Gegensatz zum Überzug – einer Balkenlage liegt und diese unterstützt

*Verdollung:* Holzverbindung mittels Dollen (Holznägeln)
*Verkämmung:* Holzverbindung übereinanderliegender, sich kreuzender Hölzer mittels Kammverbindungen (siehe Kamm)
*Verkieselung:* die chemische Verbindung von Silikatfarben mit dem mineralischen Untergrund
*Verquaderung/Eckverquaderung:* Darstellung von Gebäudeecken, Gewänden usw. mit Steinquadern oder gemalten oder gestuckten »Steinquadern«
*Verstrebung:* Aussteifung mittels Streben
*Verzapfung:* Holzverbindung aus Zapfen und Zapfenloch
*Vierständerkonstruktion/Vierständerbau:* Hausgefüge im niederdeutschen Hallenhaus aus Quergebinden mit vier Ständern und einem Balken
*Viertelkreishölzer:* aus Fußbändern entwickelte viertelkreisförmige (Halb-)Hölzer zwischen Schwelle und Ständern, in der Spätgotik meist mehr schmückend angeordnet
*viskos:* dickflüssig

*Wärmetransmission:* Wärmeübertragung
*Wasserdampfdurchlaßwiderstand:* Faktor, der die Verringerung der Wasserdampfdurchlässigkeit eines Stoffes ausdrückt
*Wasserdampfsättigungsdruck:* nach Überschreiten des Sättigungsdrucks fällt Kondensat aus
*Weichschwanz:* halbe Schwalbenschwanzform bei einem Blatt
*Windrispe:* schräg unter die Sparren genagelte Bohle oder genageltes Brett zur Längsaussteifung des Dachverbandes
*Winkelholz (Fußwinkelholz, Kopfwinkelholz):* die Ecke zwischen Ständer und Schwelle (Fußwinkelholz) oder zwischen Ständer und Rähm (Kopfwinkelholz) ausfüllendes Holz
*Wohn-Stall-Speicher-Haus:* die Funktionen Wohnen, Stallen und Erntespeichern sind in einem Haus, unter einem Dach vereinigt

*Zapfenschloß:* durch das Zapfenloch durchgesteckter Zapfen, der mit einem Keil (Splint) gesichert (geschlossen) ist
*Zaunwerk:* Stakung mit Weiden- oder Haselnußgeflecht
*Zweiständerkonstruktion:* Hausgefüge im niederdeutschen Hallenhaus mit Quergebinden aus zwei Ständern und einem Balken
*Zwerchgiebel:* größerer Giebelaufsatz auf der Traufseite des Daches, bündig oder fast bündig mit der Seitenwand

# Abbildungsnachweis

Der weitaus größte Teil der Abbildungen stammt vom Verfasser. Bei einigen älteren Fotos oder Zeichnungen ist die Quelle nicht nachzuweisen.
Die folgenden Abbildungen stellten freundlicherweise und mit Abdruckerlaubnis zur Verfügung beziehungsweise wurden entnommen aus:

*Einordnung des Fachwerks in die Stilepochen*

Chanel, Jean, Förderkreis Alte Kirchen: Abb. 24
Deutsches Malerblatt: Abb. 1, 7–9
Hansen, W., und Kreft, H., Fachwerk im Weserraum, Hameln 1980: Abb. 31, 33
Historisches Museum Frankfurt am Main: Abb. 50
Referat für Denkmalpflege der Stadt Frankfurt am Main: Abb. 14, 21, 29
Verband Deutscher Architekten und Ingenieurverein, Das Bauernhaus im Deutschen Reiche und seinen Grenzgebieten. Atlas, Dresden 1906, Nachdruck Hannover 1974: Abb. 13, 43, 44
Wolff, C., und Jung, R.: Die Bau- und Kunstdenkmäler Frankfurts, Frankfurt 1898: Abb. 30

*Historische Farbtechniken und Farbgebungen*

Denkmalpflege in Baden-Württemberg: Abb. 52
Deutsches Malerblatt: Abb. 1, 6–12, 16–19, 25–28
Großmann, G. U.: Abb. 2
Referat für Denkmalpflege der Stadt Frankfurt am Main: Abb. 62, 63
Stadtarchiv Frankfurt am Main: Abb. 59

*Runen, Sinnbilder und Symbolik im Fachwerk*

Deutsches Malerblatt: Abb. 1, 5, 7, 8, 13–16
Hansen, W., und Kreft, H.: Fachwerk im Weserraum, Hameln 1980: Abb. 31
Historisches Museum Frankfurt am Main: Abb. 25
Hochbauamt der Stadt Frankfurt am Main: Aufmaß, Berninghaus: Abb. 33
Krepela, A.: Abb. 42, 43
Peuser, H. W.: Abb. 4, 5
Referat für Denkmalpflege der Stadt Frankfurt am Main: Abb. 21

*Fachwerkfreilegung*

Kynast, Falk: Abb. 7–12, 15–17

*Neuverputz und Neuanstrich*

Deutsches Malerblatt: Abb. 1, 8–10, 29

*Stadt- und Dorfgestaltung mit farbigem Fachwerk*

Deutsches Malerblatt: Abb. 1–6
Lömpel: Abb. 42, 43
Technische Hochschule Darmstadt: Abb. 11

*Dekorationsfachwerk und Fehlfarben*

Deutsches Malerblatt: Abb. 1, 6

*Wärmedämmung von Fachwerkwänden*

Fortbildungszentrum für Handwerk und Denkmalpflege, Böttinger, A.: Zeichnungen und Tabellen